Mansi Chitkara

Comportement magnétique des nanohexaferrites de baryum pures et dopées au nickel

Mansi Chitkara

Comportement magnétique des nanohexaferrites de baryum pures et dopées au nickel

Comportement structurel, magnétique et diélectrique des nanohexaferrites

ScienciaScripts

Imprint

Any brand names and product names mentioned in this book are subject to trademark, brand or patent protection and are trademarks or registered trademarks of their respective holders. The use of brand names, product names, common names, trade names, product descriptions etc. even without a particular marking in this work is in no way to be construed to mean that such names may be regarded as unrestricted in respect of trademark and brand protection legislation and could thus be used by anyone.

Cover image: www.ingimage.com

This book is a translation from the original published under ISBN 978-613-9-89248-8.

Publisher:
Sciencia Scripts
is a trademark of
Dodo Books Indian Ocean Ltd. and OmniScriptum S.R.L publishing group

120 High Road, East Finchley, London, N2 9ED, United Kingdom
Str. Armeneasca 28/1, office 1, Chisinau MD-2012, Republic of Moldova, Europe
Printed at: see last page
ISBN: 978-620-5-65960-1

Table des matières :

PRÉFACE

La science des matériaux est en pleine révolution, avec l'exploration de la matière à petite échelle. Les propriétés améliorées des matériaux sont dues au fait que leurs unités constitutives sont de taille nanométrique. Réduire les dimensions des constituants d'un matériau et modifier davantage ses propriétés physiques n'a pas de limite. "Il y a beaucoup de place au fond", a déclaré Feynman.

Afin de comprendre la magie de divers matériaux, il est essentiel d'avoir des bases solides en matière de techniques de synthèse et de connaître les différentes techniques cristallographiques et morphologiques. Les techniques de synthèse des nanoparticules peuvent être descendantes ou ascendantes. La technique chimique de coprécipitation est expliquée dans le présent ouvrage, ainsi que les raisons de son adaptation. La compréhension fondamentale des matériaux ferrites de base est essentielle afin d'explorer les applications des matériaux nano ferrites. Les différents types de matériaux ferrites ainsi que leur structure sont bien expliqués dans le présent texte.

La cristallographie est un outil essentiel pour l'identification des matériaux et la confirmation de la formation de nanoparticules. La technique de diffraction des rayons X est bien expliquée. Les outils de microscopie électronique et de microscopie à sonde à balayage sont également expliqués afin de comprendre la caractérisation morphologique des nanomatériaux.

Ce livre a été écrit dans le but de comprendre les matériaux de nano ferrite et la direction à prendre pour les applications technologiques de ces matériaux. Le matériel incorporé dans le texte est le résultat de la recherche effectuée par l'auteur dans ce domaine.

Bien que certains des sujets abordés soient quelque peu avancés, ils ont été traités de manière à ce que même un étudiant de premier cycle soit en mesure de les comprendre.

ACCUSÉ DE RÉCEPTION

Je remercie sincèrement le Dr I. S Sandhu, professeur et doyen de l'université de Chitkara (Punjab) et le Dr Karamjit Singh (professeur adjoint et chef du département de physique de l'université de Punjabi à Patiala) pour leurs précieuses suggestions. C'est grâce à leurs conseils continus et opportuns, à leurs encouragements constants, à leur soutien moral inconditionnel et à leurs conseils techniques qu'il a été possible de mener à bien ce travail de recherche qui a conduit à la conceptualisation de ce livre.

Je tiens à remercier mes étudiants de recherche, le Dr Shivani Malhotra, Mme Naini Dawar et M. Jaspreet Singh, pour les efforts qu'ils ont déployés dans le cadre de leurs recherches sur ce sujet, ainsi que l'ensemble du personnel technique et non technique du Nanomaterials Research Laboratory.

Je remercie également M. Jasvir Saini et M. Sheeshpal Singh pour l'assistance technique qu'ils m'ont apportée lors de l'informatisation du manuscrit de ce livre. La bénédiction et le soutien moral de mes parents respectés, le Dr Ashok Chitkara et le Dr (Mme) Madhu Chitkara, ont servi de catalyseur pour l'achèvement de ce travail. Je suis également reconnaissant à mon frère aîné, M. Mohit Chitkara, et à ma belle-sœur, le Dr (Mme) Niyati Chitkara, pour leur soutien et leurs encouragements permanents.

La patience, la motivation, la compréhension, la coopération, les encouragements et la confiance de mon mari, M. Retesh Vatrana, sont grandement appréciés. Je remercie tout particulièrement mon fils Mannas Vatrana et ma fille Radhika Vatrana qui ont rendu le présent travail plus agréable grâce à leur entière coopération.

Prof. (Dr.) Mansi (Chitkara) Vatrana
Ph.D., M.E., MBA, B.E.

CHAPITRE 1

INTRODUCTION

1.1 Introduction aux ferrites

Les ferrites sont une classe importante de composés contenant des oxydes métalliques dont le fer est le principal constituant. Ces oxydes ont des propriétés magnétiques et électriques remarquables qui sont étudiées et appliquées depuis les 50 dernières années.

L'histoire de ces matériaux magnétiques a commencé avec la découverte d'une ferrite naturelle, la magnétite (Fe_3O_4), dans le district de Magnésie en Asie Mineure. Les navigateurs utilisaient ce matériau dans des boussoles magnétiques afin de trouver des directions [1, 2]. En 1600, le Dr William Gilbert a publié ses travaux de recherche sur le magnétisme dans "De Magnete", qui décrivait les propriétés magnétiques de la magnétite [3]. Ce n'est que 200 ans plus tard que Hans Christian Oersted a établi la relation entre le comportement électrique et magnétique des matériaux. Entre 1825 et 1920, William Sturgeon, Warburg, Pierre Curie, Michael Faraday et James Clerk Maxwell ont poursuivi leurs travaux sur la théorie électromagnétique. Toutefois, c'est en 1930 que le Dr Takei et le Dr Kato ont été les premiers à découvrir des ferrites substituées par du zinc et du fer qui présentaient des propriétés magnétiques particulières. La recherche a été poursuivie par le Dr J. L. Snoek qui a créé les ferrites à faible hystérésis [4, 5].

Les matériaux ferrites sont des oxydes magnétiques isolants qui possèdent une résistivité électrique de grande valeur avec de faibles courants de Foucault et pertes diélectriques, une coercivité élevée, une bonne résistance à la corrosion et une stabilité chimique [6]. La résistivité électrique élevée associée aux propriétés magnétiques souhaitées permet d'obtenir un matériau adapté aux applications à des fréquences plus élevées. De plus, ces matériaux possèdent de bonnes propriétés d'usinage, c'est-à-dire qu'ils peuvent être découpés et façonnés en différentes tailles comme des disques, des tiges et des arcs. L'utilisation d'éléments de métaux de transition comme le fer, le nickel et le cobalt, dont les orbites 3d et 4f sont partiellement remplies, est un élément essentiel des matériaux ferromagnétiques/ferrimagnétiques [7].

L'étendue du champ d'applications des ferrites continue de s'accroître lorsque la dimension des matériaux est ramenée au niveau du nanomètre. Les ferrites de dimensions inférieures à 20 nm font partie des principaux matériaux envisagés pour les supports d'enregistrement à haute densité et les applications biomédicales [8]. De nombreuses nouvelles voies pour diverses applications des matériaux ferrites réduits à des dimensions nanométriques ont été appréhendées. La réduction de l'échelle à la taille nanométrique donne lieu à des propriétés nouvelles et technologiquement intéressantes, telles que des modifications de la résistivité électrique, de la constante diélectrique, de l'aimantation à saturation et de la coercivité [8].

Une résistivité électrique élevée avec de faibles pertes diélectriques est nécessaire pour minimiser les pertes par courants de Foucault qui sont une caractéristique importante des dispositifs à micro-ondes.

1.2 Catégorisation des ferrites sur la base de leurs propriétés magnétiques

Sur la base de certains attributs magnétiques tels que la boucle d'hystérésis, la rémanence, la force coercitive, la température de Curie et l'aimantation à saturation, les matériaux ferrites peuvent être divisés en deux catégories principales, à savoir les ferrites douces et les ferrites dures, décrites ci-dessous dans le présent texte.

1.2.1 Ferrites mous

Les ferrites douces peuvent être magnétisées ou démagnétisées facilement. Ces matériaux présentent les attributs d'une faible coercivité et d'une magnétisation de saturation modérée, ce qui signifie que ces matériaux perdent leur magnétisation après la suppression du champ magnétique appliqué sans dissiper beaucoup d'énergie [9]. Ils possèdent une boucle d'hystérésis étroite en raison des faibles pertes d'hystérésis, ces matériaux peuvent être utilisés dans la gamme des fréquences audio jusqu'à plusieurs méga-hertz dans les noyaux des transformateurs haute tension et des machines électriques tournantes. La première application des ferrites tendres était dans les inductances des filtres LC. Les matériaux qui entrent dans la catégorie des ferrites molles sont les suivants

- Ferrites de manganèse et de zinc
- Ferrites nickel-zinc.

1.2.2 Ferrites durs

Les ferrites dures sont essentiellement des aimants permanents qui conservent leur magnétisation même après l'exclusion du champ magnétique appliqué. Ces matériaux possèdent une boucle d'hystérésis large et rectangulaire avec un champ coercitif élevé et une magnétisation de saturation comparativement plus importante. Ces propriétés expliquent les applications technologiques des ferrites dures dans les aimants permanents, les écrans magnéto-optiques, les supports d'enregistrement magnétique haute densité et les applications micro-ondes [3]. La figure 1.1 montre la courbe de la boucle d'hystérésis pour les ferrites dures et douces. Les exemples de ferrites dures comprennent

- Ferrites de baryum ($BaFe_{12}O_{19}$)
- Ferrites de strontium ($SrFe_{12}O_{19}$)

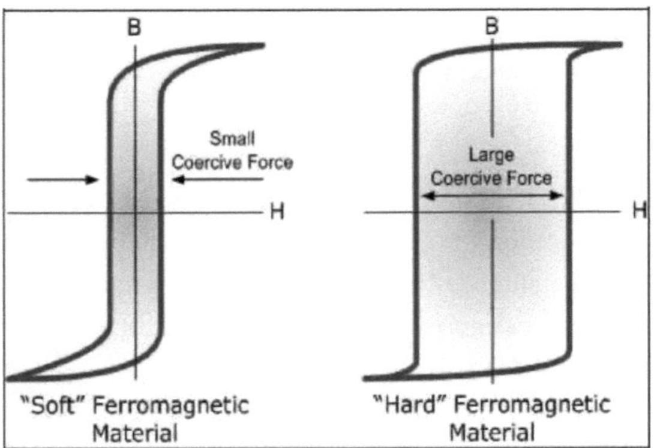

Figure 1.1 Courbe d'hystérésis pour les ferrites molles et dures.

1.3 Catégorisation des ferrites sur la base de la structure cristalline

Sur la base de la structure cristalline, qui implique la cellule unitaire et l'organisation des atomes ou des ions dans les sites interstitiels, les ferrites sont classées en spinelles, grenats, ferrites ortho et hexagonales [9].

1.3.1 Ferrites spinelles

Les ferrites spinelles sont les dérivés de la magnétite avec une structure cubique fermée ayant la configuration chimique générale $MeO<Fe_2O_3$ ou $Me.Fe_2O_4$ où Me est un métal divalent comme le fer, le nickel, le manganèse, le magnésium et le zinc. Les $Me<Fe_2O_4$ possèdent une structure similaire à celle du $MgAl_2O_4$ naturel, communément appelé "spinelle". La structure d'une molécule de magnétite possède deux ions ferriques (Fe^{3+}) et un seul ion ferreux (Fe^{2+}) pour chaque ion O^{2-}.

1.3.2 Ferrites de grenat

La structure du grenat, comme celle du spinelle, est également cubique mais possède un groupement de sites octaédriques, tétraédriques et polyédriques à 12 côtés - dodécaédriques. La formule chimique des grenats est $3Me_2O`5Fe_2O_3$ où Me représente la terre rare magnétique ou non magnétique comme l'yttrium ou le lanthane respectivement. La structure entière, cependant, contient 4 parties de $3Me_2 O`5Fe_2 O_3$.

1.3.3 Ferrites ortho

Une orthoferrite est une classe de ferrites de formule chimique $RFeO_3$, dans laquelle R est un élément de terre rare. Les orthoferrites possèdent des caractéristiques ferromagnétiques faibles avec une structure cristalline orthorhombique et un groupe spatial de Pbnm [9]. La structure ferromagnétique faible présente un comportement antiferromagnétique à la température de Neel, ce qui est dû à l'absence d'interaction d'échange antisymétrique.

L'interaction de l'ion de terre rare avec le fer conduit à la magnétisation du matériau. Ces ferrites sont très utiles pour l'étude de la dynamique induite par le laser et les capteurs optiques car ils peuvent modifier la polarisation d'un faisceau de lumière sous l'effet d'un champ magnétique appliqué [8, 9].

1.3.4 Ferrites hexagonaux

Depuis la découverte des hexaferrites dans les années 1950 par le laboratoire Philips, ces matériaux ont attiré l'attention des chercheurs en raison de leurs propriétés magnétiques remarquables, telles qu'une résistivité élevée, une grande anisotropie magnétocristalline et une coercivité magnétique élevée, qui les rendent aptes à être utilisés comme aimants permanents [6][10]. Les valeurs de conductivité électromagnétique, de perméabilité magnétique et de permittivité relative que possèdent les hexaferrites conviennent à leurs applications en tant que suppresseurs d'interférences électromagnétiques, absorbeurs de micro-ondes ou matériaux absorbant les radars dans la gamme des longueurs d'onde centimétriques à submillimétriques. Les catégories de ferrites hexagonales sont énumérées dans le tableau 1.1 où M= Ba^{+2} , Sr^{+2} , Pb^{+2} et Me est le métal de transition de première rangée : Fe^{+2} , Ni^{+2} , Co^{+2} , Mn^{+2} , Zn^{+2} .

Tableau 1.1 Classification des ferrites hexagonales

Type d'hexaferrite	Formule chimique
i\I	$MFe_{12} O_w$
W	$BaMe_2 Fe_{16} O_{27}$
X	$Ba,Me_2 Fe_{28} O_{46}$
Y	$Ba_; Me_2 Fe_{12} O_{22}$
z	$Ba,Me_2 Fe_{24} O_{41}$
u	$Ba_4 Me_2 Fe_{26} O_{60}$

Parmi les types d'hexaferrites M, W, X, Y, Z et U, les hexaferrites de type M sont les plus étudiées de toutes. Ces hexaferrites sont des ferrites dures qui sont des oxydes métalliques noirs, non poreux, ferrimagnétiques par nature et sont connues pour leur magnétisation à saturation élevée, leur coercivité élevée et leur anisotropie unidirectionnelle.

1.4 Structure cristalline de l'hexaferrite de baryum de type M

La formule des hexaferrites de type M est $MFe12O19$ ou $MO.6 (Fe2O3)$ où M est un ion divalent, c'est-à-dire Ba^{+2} , Sr^{+2} ou Pb^{+2} . Il présente une structure hexagonale fermée avec un groupe spatial P63/mmc et des valeurs de la constante de réseau de 23,22 A et 5,88 A. La structure du BaM est construite à partir de 4 blocs de base, à savoir SRS*R* ou $S4B1S4*B1*$, où S*, R*,

S4* et B1* présentent un arrangement similaire à celui de S, R, S4 et B1 respectivement, mais tourné de 180° autour de son axe [5] [9]. Il existe cinq sites cristallographiques interstitiels différents appelés 2a, 12k, 4f1, 4f2 et 2b, parmi lesquels 2a, 12k et 4f2 sont des sites octaédriques, 4f1 est tétraédrique et 2b est hexaédrique (bi-pyramidal trigonal). Les formules des différents blocs de construction sont présentées dans le tableau 1.2.

Tableau 1.2 Éléments constitutifs des hexaferrites de baryum de type M

Bloc de construction	Nom	Formule chimique
Blocs cubiques	S	Fe_6O_8
	S4	Fe_9O_{12}
Blocs hexagonaux	R	$BaFe_6O_{11}$
	B1	$B \cdot 7$

Dans une cellule unitaire de BaM, comme le montre la figure 1.2, il existe 2 molécules de $BaFe_{12}O_{19}$ et la structure est construite avec 10 couches d'oxygène empilées les unes sur les autres. Chaque couche d'oxygène contient soit 4 ions O^{-2} soit 3 O^{-2} avec un ion O^{-2} remplacé par des ions Ba^{+2}. Les sites interstitiels obtenus par cette structure serrée d'atomes d'oxygène sont occupés par des atomes de fer.

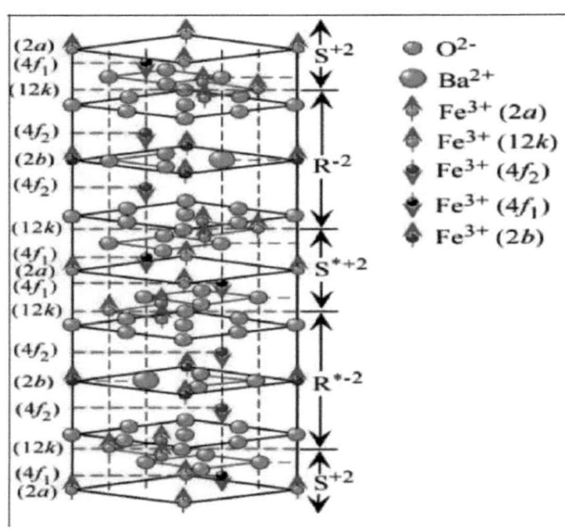

Figure 1.2. Structure cristalline de l'hexaferrite de baryum de type M (U.Ozgur et. al)

Le bloc S est formé de couches ACB et ne contient pas d'ion baryum. La formule Fe_6O_8 qui peut être représentée par $2(Fe_3O_4)$ montre l'arrangement cubique spinelle des cations et des anions dans ce bloc. Les anions sont répartis uniformément avec 2 cations occupant le site tétraédrique ($4f1$) et un cation au site octaédrique (2a) avec des spins antiparallèles et 3 octaédriques (2a) en spin parallèle avec un octaèdre.

Le bloc hexagonal R de formule $BaFe_6O_{11}$ se trouve dans la couche AB'AB, où il existe 3 couches d'oxygène dont 2 couches ont 4 anions oxygène et une couche a 3 anions oxygène et un ion baryum. Les 6 atomes de fer, dont 3 ont un spin supérieur et 2 un spin inférieur, sont polarisés. Un des ions Fe^{+3} est organisé avec 5 ions oxygène dans une forme bi-pyramidale avec des spins vers le haut.

Le bloc $s4$ comme le bloc S n'a pas de baryum et les 9 ions Fe^{+3} sont distribués comme 1 au site 2a, 2 au site $4f1$ et 6 au site 12k entre les 3 couches d'ions oxygène. Le bloc $s4$ forme également la structure cubique avec la formule Fe_9O_{12} qui peut être présentée comme $3[Fe_3O_4]$ où les ions Fe sont tous à l'état trivalent. De même, le bloc hexagonal $B1$ présente $BaFe_3O_7$ dans la région AB'A avec un ion baryum.

Ainsi, le spinelle et le bloc hexagonal forment ensemble la structure hexaferrite. Globalement, le moment magnétique total possédé par une cellule unitaire de BaM est le résultat de spins nets. Sur les 24 ions Fe^{+3}, 16 ont un spin supérieur et 8 un spin inférieur, ce qui donne 8 spins nets. Étant donné que chaque ion $Fe+3$ confère un moment magnétique de 5 pB, donc en raison de 5 électrons non appariés, un moment magnétique net de 8*5= 40 pB est apporté par chaque cellule unitaire de l'hexaferrite de baryum.

1.5 Propriétés magnétiques de l'hexaferrite de baryum de type M

Selon la loi de Faraday sur l'induction électromagnétique, divers matériaux réagissent différemment au champ magnétique appliqué. Ce comportement du matériau est influencé par sa structure atomique et moléculaire et par le champ magnétique net produit par les électrons non appariés. La relation entre la magnétisation des matériaux (M), la densité de flux magnétique (B) et l'intensité du champ magnétique (H) est résumée par l'équation (1.1)

$$B=\mu_o(H+M) \tag{1.1}$$

Où μ_o est la perméabilité magnétique de l'espace libre. En outre, le rapport entre la perméabilité magnétique du matériau (p) et la perméabilité magnétique de l'espace libre est défini comme la perméabilité relative (pm), comme indiqué dans l'équation 1.2.

$$\mu_m = \frac{\mu}{\mu_o} \tag{1.2}$$

Dans le cas des hexaferrites de baryum de type M, il existe 24 ions ferriques qui sont situés sur les 5 sites interstitiels, comme indiqué dans la section 1.5. Le magnétisme net que possèdent les hexaferrites de baryum est dû à la somme algébrique des domaines magnétiques de spin up et de spin down. Les sites interstitiels 4f1 et 4f2 contiennent des ions ferriques de spin bas qui réduisent le moment magnétique du matériau, tandis que 12k, 2a et 2b contiennent des ions ferriques de spin haut qui augmentent le moment magnétique. Par conséquent, les ions qui remplacent le spin up sont responsables de la contribution négative au moment magnétique [10].

$$X = \frac{M}{H} \tag{1.3}$$

1.5.1 Susceptibilité magnétique (X)

Elle est définie comme le rapport entre la magnétisation du matériau (M) et l'intensité du champ magnétique. (H) Cette propriété d'un matériau indique dans quelle mesure un matériau est susceptible de se magnétiser.

1.5.2 Boucle d'hystérésis magnétique

Lorsqu'un matériau magnétique est maintenu à proximité d'un champ magnétique externe (H), il se produit un changement dans l'alignement des dipôles magnétiques, soit dans la direction du champ appliqué, soit dans la direction inverse. Pour les ferrites dures, une partie de l'alignement est conservée même lorsque le champ appliqué est supprimé, ce qui fait que le matériau est magnétisé avec la valeur de magnétisation M et qu'une densité de flux magnétique nette de B est produite. En outre, pour démagnétiser le matériau, un champ magnétique inverse doit être appliqué, ce qui entraîne le réalignement des dipôles magnétiques à l'intérieur du matériau. Le tracé obtenu entre le champ appliqué et la magnétisation produite dans le matériau, tel que décrit dans la figure 1.3, est appelé boucle d'hystérésis.

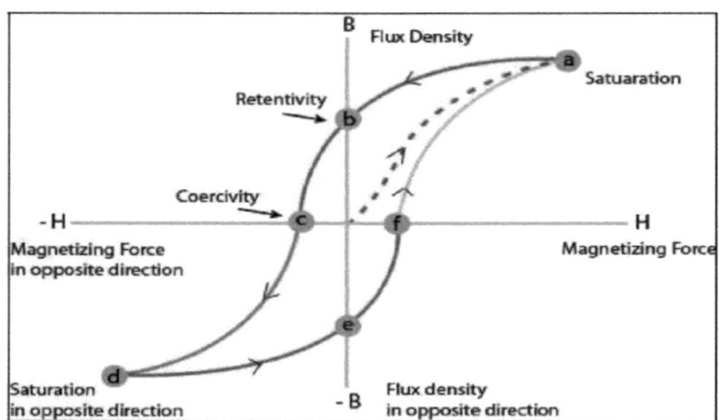

Figure 1.3. Boucle d'hystérésis magnétique

(i) Saturation Magnétisation Ms

Dans le cas de matériaux ferro/ferrimagnétiques comme l'hexaferrite de baryum, la variation de l'induction magnétique en fonction du champ magnétique appliqué présente un comportement non linéaire [8][10]. L'aimantation augmente initialement avec le champ appliqué et atteint une valeur de saturation, au-delà de laquelle aucun changement dans l'aimantation induite n'a lieu. Cette valeur de magnétisation maximale induite dans un matériau est appelée magnétisation de saturation M_s.

(ii) Coercivité HC

La coercivité dépend principalement de l'anisotropie magnéto-cristalline et des contraintes structurelles telles que la taille des cristallites, les contraintes dans le réseau cristallin, la composition chimique et les dopants. La coercivité élevée de la nanohexaferrite de baryum de type M est le résultat d'une grande anisotropie magnéto-cristalline qui donne un aimant dur [19]. De plus, la taille réduite des cristallites ainsi que l'utilisation d'éléments de métaux de transition comme dopants modifient la coercivité. La valeur de la coercivité est accordable avec la taille du matériau et, par conséquent, le matériau peut être exploré pour diverses applications.

(iii) Rémanence Hr

Lorsque l'on réduit le champ appliqué, l'aimantation suit un chemin différent dans lequel elle présente une valeur non nulle même lorsque le champ appliqué est supprimé. Cette valeur est appelée la rémanence du matériau. Par conséquent, pour supprimer ce champ de rémanence, que l'on appelle également la rémanence, il faut appliquer un champ magnétique en sens inverse, ce qui ramène la valeur de la rémanence à zéro.

3.5.3 Anisotropie magnéto-cristalline

La propriété intrinsèque des matériaux magnétiques qui affecte fortement la boucle d'hystérésis et contrôle les valeurs de coercivité et de rémanence est l'anisotropie magnéto-cristalline qui est une propriété importante pour les ferrites durs [11]. Les matériaux ferromagnétiques et ferrimagnétiques ont un ou plusieurs axes dans lesquels leurs moments magnétiques choisissent de s'aligner, et cet axe est considéré comme l'axe facile pour ce matériau. Afin de modifier l'alignement du moment magnétique de l'axe facile à l'axe dur, une certaine énergie appelée énergie d'anisotropie magnétocristalline est nécessaire. Cette énergie magnétocristalline pour une structure hexagonale est exprimée comme suit

$$E_a = K_\circ + K_1 \sin 2\emptyset + K_2 \sin^4 \emptyset \qquad (1.4)$$

Où K_0, K_1 et K_2 sont des constantes d'anisotropie 0 est l'angle entre la magnétisation et l'axe facile.

Dans les hexaferrites de baryum de type M, une forte anisotropie magnéto-cristalline uniaxiale se produit le long de l'axe c [10] et une valeur d'environ 3,3 x 10^5 Jm^{-3} . La raison d'une telle valeur est la présence d'électrons non appariés qui conduit à l'interaction électromagnétique entre le spin des électrons et les moments magnétiques dus à l'orbite des électrons autour du noyau [12, 13].

3.5.4 Catégorisation des matériaux magnétiques

Sur la base des valeurs de perméabilité relative et de susceptibilité magnétique, les matériaux magnétiques peuvent être classés dans les catégories suivantes

(i)   Matériaux diamagnétiques

(ii)   Matériaux paramagnétiques

(iii)   Matériaux ferromagnétiques

(iv)   Matériaux antiferromagnétiques

(v)   Matériaux ferrimagnétiques

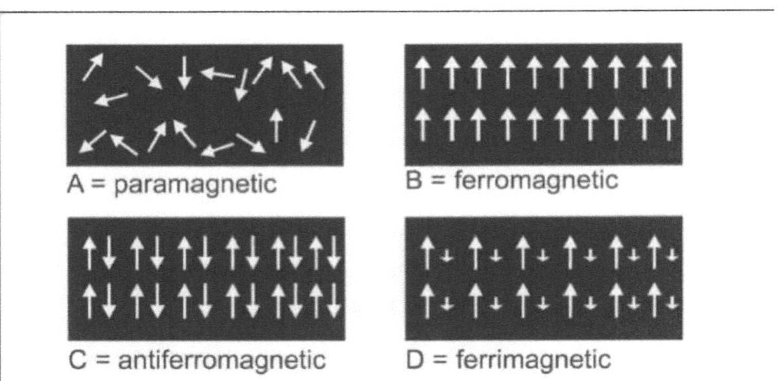

Figure 1.4. Classification des matériaux magnétiques

(i) Matériaux diamagnétiques

Ces matériaux présentent une faible susceptibilité et sont entraînés dans la direction opposée en présence d'un champ magnétique appliqué. En raison de la présence d'électrons appariés, il n'existe pas de moment magnétique net permanent. L'aimantation produite s'oppose au champ appliqué et donc à $B < \mu_o H$, , ce qui entraîne une magnétisation négative. La quasi-totalité des substances qui ne sont pas liées aux propriétés magnétiques sont diamagnétiques par nature, comme le cuivre, le carbone, le plastique et l'eau.

(ii) Matériaux paramagnétiques

Ces matériaux possèdent des spins d'électrons non appariés qui conduisent à la production d'une magnétisation nette dans une direction identique à celle du champ magnétique appliqué, c'est-à-dire $B > \mu_0 H$. . Par conséquent, les matériaux paramagnétiques ont une magnétisation relative.

une perméabilité supérieure à 1 et une faible susceptibilité positive qui se traduit par une faible attraction du champ magnétique appliqué.

L'aluminium, le magnésium, le molybdène et l'oxygène sont des exemples de matériaux paramagnétiques.

(iii) Matériaux ferromagnétiques

Le fer, le nickel et le cobalt sont classés dans la catégorie des matériaux ferromagnétiques en raison de leur capacité à s'aimanter lorsqu'ils sont placés dans une zone de champ magnétique [12]. Ces matériaux ont la capacité de conserver leur magnétisation même après la suppression du champ magnétique appliqué. Les matériaux ferromagnétiques possèdent des domaines magnétiques qui sont alignés parallèlement à leur axe cristallographique, ce qui entraîne de fortes forces magnétiques [8] [10]. Lorsqu'ils sont démagnétisés par l'application d'un champ magnétique inverse, ces domaines s'organisent de manière aléatoire, ce qui entraîne une magnétisation nette nulle. Ces matériaux ont la propriété de se transformer en matériaux paramagnétiques après une température spécifique, appelée température de Curie.

(iv) Matériaux antiferromagnétiques

Ces matériaux possèdent des domaines magnétiques d'égale magnitude mais alignés de manière antiparallèle, de sorte que la magnétisation nette du matériau devient nulle et donne donc une susceptibilité magnétique nulle. Les exemples incluent l'oxyde de nickel, l'hématite et le chrome.

(v) Matériaux ferrimagnétiques

Ces matériaux présentent des propriétés qui se situent entre les matériaux ferromagnétiques et anti-ferromagnétiques. Les domaines magnétiques des matériaux ferrimagnétiques sont alignés dans la même direction mais possèdent des magnitudes inégales dans différents sous-réseaux, ce qui entraîne une annulation incomplète et donc une magnétisation nette non nulle. Le ferrimagnétisme se manifeste dans les ferrites cubiques composées d'oxydes de fer et d'éléments comme le nickel ou le cobalt et dans les hexaferrites comme les ferrites de baryum et de strontium [6].

1.6 Propriétés électriques de l'hexaferrite de baryum de type M

L'étude des propriétés électriques fait intervenir la résistivité électrique en courant continu, la permittivité diélectrique et les pertes diélectriques [6] [14]. Ces paramètres électriques des hexaferrites de baryum de type M sont fonction de la structure, de la température et des compositions chimiques. L'interaction électronique due au saut des ions Fe^{+2} /Fe^{+3} dans les sites interstitiels est responsable du comportement électrique des ferrites. De plus, l'effet du changement de fréquence du champ électrique alternatif sur l'interaction entre l'onde électromagnétique et le matériau hexaferrite est régi par une quantité complexe, la permittivité diélectrique [13] [15]. L'équation de Maxwell qui relie le déplacement électrique D, la permittivité diélectrique et le champ électrique E dans le vide est donnée par l'équation 1.5.

$$\vec{D} = \varepsilon\, \vec{E} \tag{1.5}$$

1.6.1 Permittivité diélectrique

La permittivité diélectrique est le rapport entre le déplacement électrique et le champ électrique appliqué. Dans le cas d'un milieu diélectrique, il se produit une réorganisation des porteurs de charge qui conduit à la conduction électronique dans le matériau. Cette réorganisation due à l'interaction entre le milieu diélectrique et l'onde électromagnétique conduit à un autre phénomène appelé polarisation P, comme le montre l'équation 1.6.

$$\vec{D}\, \varepsilon_{o}\vec{E} + \vec{P} \tag{1.6}$$

La permittivité relative (ε_r) est une quantité sans dimension qui est définie comme le rapport entre la permittivité absolue du matériau (ε) et la permittivité de l'espace libre (ε_o), comme le montre l'équation 1.7.

$$\varepsilon_r = \frac{\varepsilon}{\varepsilon_o} \tag{1.7}$$

Dans le cas d'un champ statique, ce processus entraîne la séparation des charges positives et négatives, ce qui génère son propre champ, de direction opposée à celle du champ appliqué, tandis que dans les champs alternatifs, la permittivité relative varie avec la fréquence.

$$\varepsilon = \varepsilon' - j\varepsilon'' = \varepsilon_o\, \varepsilon' r - j\, \varepsilon_o\, \varepsilon'' r \tag{1.8}$$

Lorsqu'on place un matériau diélectrique dans un champ alternatif, il se produit un changement dans l'alignement des dipôles lors de l'inversion de la direction du champ, ce qui entraîne une polarisation. L'orientation du dipôle suit facilement le changement de direction du champ à basse fréquence, alors qu'il y a un décalage dans le changement d'orientation du dipôle dans le cas de fréquences plus élevées en raison de l'inertie et des défauts orientés dans l'espace. Cette polarisation qui se produit dans le matériau entraîne un échauffement du matériau ou des pertes diélectriques. La formulation complexe de la permittivité diélectrique implique le stockage de l'énergie électromagnétique et la conversion thermique en fonction de la fréquence, comme le montre l'équation 1.8.

Où la partie réelle (ε') indique le stockage de l'énergie électromagnétique du champ alternatif dans le matériau diélectrique et la partie imaginaire (ε'') indique la conversion thermique ou les pertes diélectriques. Le calcul de la permittivité et de la tangente de perte est effectué à l'aide d'un condensateur à plaques parallèles et d'un compteur LCR, comme le montre la figure 1.5.

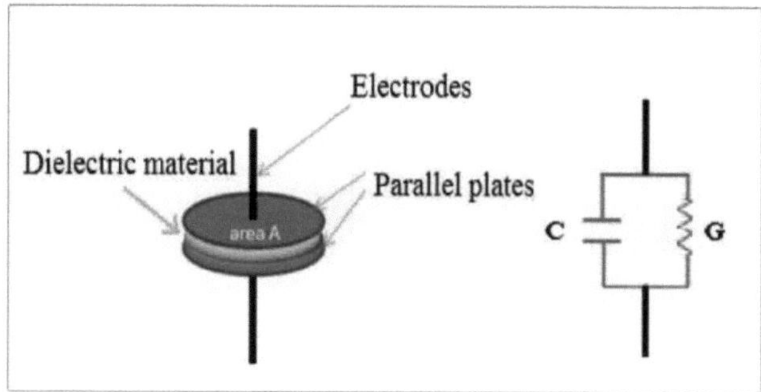

Figure 1.5. Configuration d'un condensateur à plaques parallèles pour la mesure de la constante diélectrique

$$Y = G + jwC \tag{1.9}$$

$$Y = jw\left(\frac{C}{WC_o} - j\frac{G}{WC_o}\right)\ C_o \tag{1.10}$$

L'admittance du circuit peut être calculée comme indiqué dans les équations 1.9 et 1.10 où C est la capacité entre les plaques remplies de matériau et $\circ$ est la capacité avec de l'air entre les plaques.

1.6.2 Pertes diélectriques et tangente de perte

L'augmentation de la fréquence du signal alternatif entraîne un décalage dans le changement de direction du moment dipolaire avec la variation du champ électrique. Ce décalage entre la simulation électromagnétique et la réponse de la molécule conduit au phénomène des pertes diélectriques [15]. Elle est paramétrée en termes de tangente de perte δ. La valeur de la constante diélectrique ou de la permittivité relative ε'_r, perte diélectrique ε''_r et la tangente de perte $(\tan\ \delta)$ est calculée à l'aide des équations 1.11 à 1.13, où t est la largeur de la pastille, G est la conductivité acoustique et A est la surface de la plaque.

Constante diélectrique ou permittivité relative
$$(\varepsilon_r') = \frac{C}{C_o} = \frac{tC}{\varepsilon_o A} \qquad (1.11)$$

Perte diélectrique
$$(\varepsilon_r'') = \frac{G}{w\,C_o} = \frac{Gt}{\varepsilon^o wA} \qquad (1.12)$$

Tangente de perte
$$(\tan\delta) = \frac{\varepsilon_r''}{\varepsilon_r} \qquad (1.13)$$

La figure 1.6. Montre la partie réelle de la permittivité complexe en fonction de la fréquence pour les échantillons purs et dopés au nickel On peut observer qu'aux basses fréquences, la constante diélectrique montre une grande valeur dans la gamme de 4x106 pour l'échantillon pur et 1x106 pour l'échantillon dopé au nickel. Avec l'augmentation de la fréquence, il y a une baisse significative de la valeur de la permittivité relative et elle devient presque constante quand elle atteint la gamme KHz.

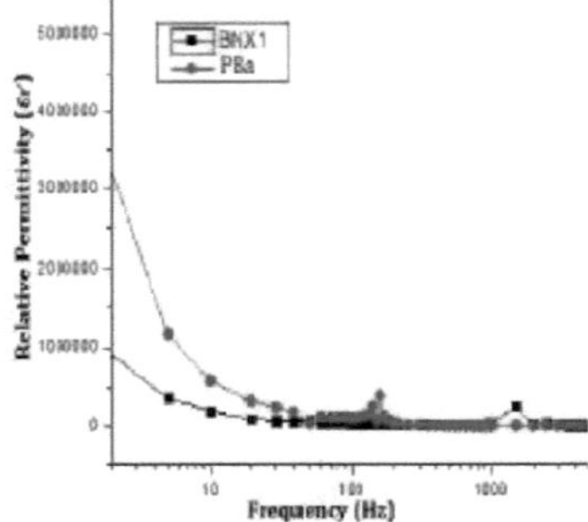

Figure 1.6. Partie réelle de la permittivité relative des nanohexaferrites de baryum$\varepsilon''r$ pures et dopées au nickel en fonction du logarithme de la fréquence.

De même, la figure 1.7. montre la composante imaginaire de la permittivité relative en fonction de la fréquence. Comme la formule de la perte diélectrique inclut le paramètre de fréquence, on observe une diminution du facteur de perte diélectrique avec l'augmentation de la fréquence.

De même, la tangente de perte diélectrique, qui est le rapport entre la partie imaginaire et la partie réelle, est tracée en fonction de la fréquence dans la figure 10. On peut observer que le BaM dopé au nickel présente une tangente de perte plus élevée jusqu'à 0,4 aux basses fréquences, tandis que le BaM pur commence avec une tangente de perte plus faible et augmente au fur et à mesure que la fréquence augmente.

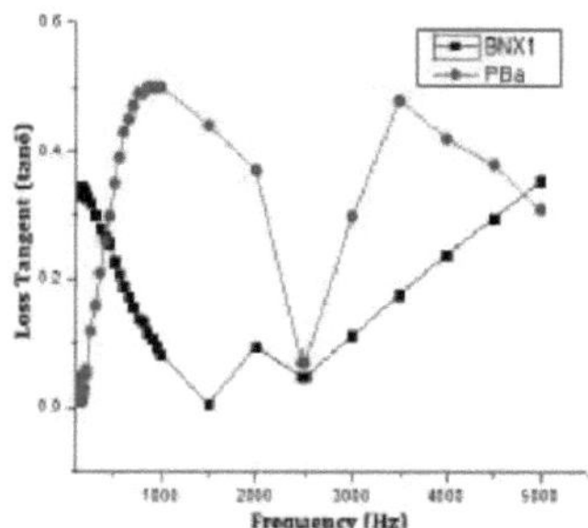

Figure 1.7. Partie imaginaire de la permittivité relative des nanohexaferrites de baryum pures et dopées au nickel en fonction de la fréquence.

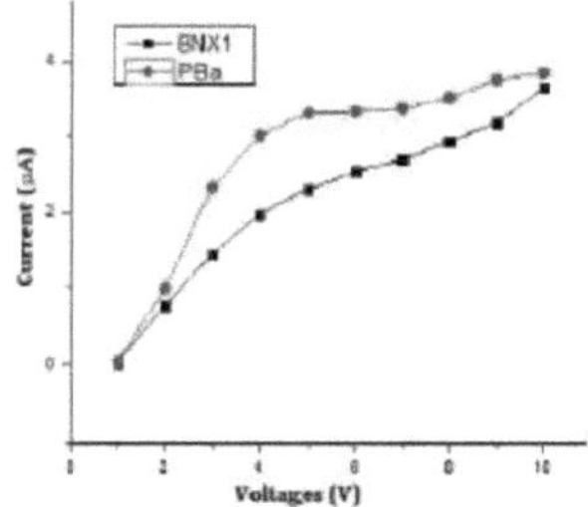

Figure 1.8. Tangente de perte des nanohexaferrites de baryum pures et dopées au nickel en fonction de la fréquence.

De plus, le comportement hautement résistif des nanohexaferrites de baryum peut être observé à partir des caractéristiques V-I tracées à l'aide de la méthode des deux sondes, comme le montre la figure 1.9. La résistance des nanohexaferrites de baryum pures est calculée à partir de la pente de la courbe et s'avère être ~2MΩ alors que le dopage au nickel entraîne une augmentation de la résistance en courant continu à ~6MΩ. . Cette variation des propriétés électriques et magnétiques due au dopage est probablement due à l'occupation du site par le dopant sur différents sites du réseau.

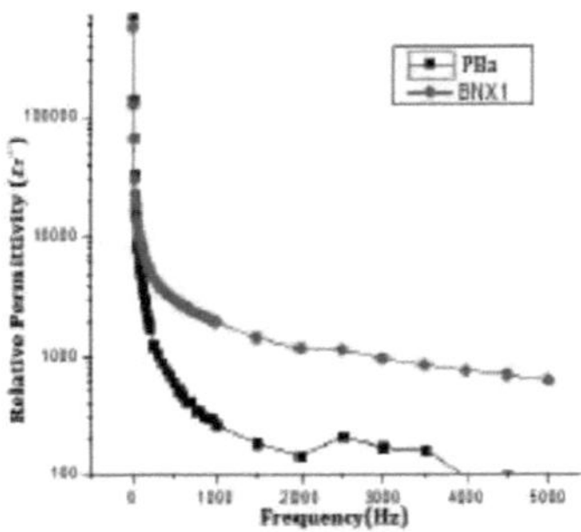

Figure 1.9. Mesure de la résistance électrique en courant continu de nanohexaferrites de baryum pures et dopées au nickel par la méthode des deux sondes.

1.6.3 Résistance électrique en courant continu

Les hexaferrites de baryum de type M contiennent 24 ions ferriques répartis sur les emplacements interstitiels. Les ions ferreux et ferriques sont responsables de la conduction des charges dans le matériau et donc de la résistance électrique. Ces matériaux possèdent une très grande résistivité électrique jusqu'à 10^9 Ω-cm. . De plus, la résistivité électrique peut peut encore être améliorée en substituant les ions ferriques qui réduiraient le saut des électrons et donc la conductivité [6] [16] [42].

1.7 Applications des ferrites

Sur la base des propriétés magnétiques qui différencient les ferrites dures et douces, ces matériaux trouvent de vastes applications technologiques dans les appareils électriques et électroniques. Depuis leur invention en 1950, les ferrites sont utilisées pour remplacer les aimants dans les moteurs et les générateurs. Les ferrites tendres sont utilisées dans les transformateurs audio et haute fréquence comme matériau pour les noyaux de fer et les ferrites dures dans les aimants permanents, les écrans magnéto-optiques, les supports d'enregistrement magnétique haute densité et les applications micro-ondes [4].

En raison de leur comportement magnétique dur qui offre une grande résistance à la démagnétisation, les ferrites sont utilisées pour les instruments de manipulation magnétique, les aimants à noyau métallique élevé dans les haut-parleurs et les cartes magnétiques comme les cartes de crédit ou les cartes d'identité [16]. De plus, avec les progrès de la technologie, il est nécessaire de disposer de supports de stockage à haute densité qui conservent leur capacité de stockage pendant une plus longue durée sans subir de dégradation environnementale et thermique. Comme les ferrites existent déjà sous leur forme oxydée, elles ne peuvent pas être oxydées davantage, ce qui leur confère une plus grande résistance à la corrosion et une stabilité thermique élevée. Ces propriétés font des ferrites un matériau fiable et approprié pour l'enregistrement et le stockage [17]. Ces ferrites ont même remplacé les bandes magnétiques en raison de leur structure cristalline organisée par rapport à la structure irrégulière de type tige des bandes métalliques.

En outre, les perturbations du fonctionnement d'un instrument électronique lorsqu'il est placé à proximité d'un appareil émettant des radiations électromagnétiques, comme la télévision, les téléphones mobiles ou les radars, entraînent une situation d'interférence électromagnétique. Le problème des IEM ne concerne pas seulement les systèmes de communication sans fil ou de mise en réseau, mais aussi leurs effets nocifs sur la santé. Par conséquent, afin de réduire la pollution causée par les radiations électromagnétiques, le blindage des IEM devient un sujet de préoccupation sérieux. Il existe une variété de matériaux absorbant les micro-ondes qui suppriment les interférences en fonction de leurs capacités d'absorption à des fréquences plus ou moins élevées. En raison de leur résistivité élevée, de leur stabilité chimique et thermique et de leurs importantes pertes magnétiques par micro-ondes dues à une grande anisotropie magnétocristalline, les hexaferrites de baryum deviennent des matériaux idéaux pour créer une atténuation des ondes électromagnétiques [16,18]. En outre, si les hexaferrites sont dopées avec d'autres matériaux qui adaptent leur comportement magnétique et d'absorption des micro-ondes, il est possible de préparer un matériau qui présente un comportement particulier dans un ensemble de fréquences. Dans la fabrication de dispositifs micro-ondes, les ferrites peuvent être utilisées comme absorbeurs de micro-ondes, déphaseurs ou isolateurs [10] [12].

Outre l'utilisation des hexaferrites de baryum comme aimants permanents, elles sont également utilisées dans des dispositifs utilisant des plaques magnétiques pour la déviation du faisceau d'électrons et dans des applications domestiques courantes comme les moteurs des magnétophones à cassettes ou des climatiseurs, les dispositifs de stockage des ordinateurs [10].

1.8 Motivation et objectif du travail

Les ferrites hexagonaux de type M possèdent une structure "magnéto-plumbite" de formule $MFe_{12}O_{19}$ où M est un ion divalent Ba^{+2}, Sr^{+2}, Pb^{+2}. Il s'agit d'oxydes métalliques durs, noirs et non poreux qui sont ferrimagnétiques par nature et sont connus pour leur magnétisation à saturation élevée, leur force coercitive élevée, leur anisotropie élevée et leur résistivité électrique élevée. En outre, ces hexaferrites possèdent un comportement diélectrique, c'est-à-dire qu'elles permettent la pénétration de champs électromagnétiques dans une plus grande mesure et, par conséquent, l'onde qui entre dans le matériau est fortement atténuée et absorbée dans l'épaisseur finie du matériau hexaferrite. Ces propriétés de l'hexaferrite de baryum en font un candidat idéal pour les aimants permanents utilisés dans les moteurs et les générateurs. En outre, en raison de leur grande hystérésis ou de leurs pertes magnétiques avec une grande résistivité électrique en courant continu, les hexaferrites de type M sont utilisées dans de vastes applications technologiques dans les dispositifs micro-ondes à haute fréquence et dans la suppression des interférences électromagnétiques [12].

En plus du comportement de ces matériaux, l'un des facteurs les plus importants qui sont responsables des propriétés structurelles, électriques et magnétiques des nanohexaferrites préparées est la méthode de préparation [9]. Plusieurs techniques peuvent être utilisées pour la synthèse de nanohexaferrites de baryum pures et dopées, notamment le sol-gel [7], le broyage à billes [8], l'hydrothermie [8], la microémulsion [8] et la co-précipitation chimique [6][8].

Ce travail de recherche vise à étudier les propriétés structurales, magnétiques et électriques des nanohexaferrites de baryum de type M pures et dopées, synthétisées en utilisant la technique de coprécipitation chimique. Puisque ces propriétés peuvent être modifiées en dopant les hexaferrites pures avec des ions divalents d'éléments de métaux de transition comme le nickel pour le $Fe^{+2/+3}$ en raison de leur similarité dans le rayon ionique et la configuration électronique, l'effet du nickel comme dopant sur ces propriétés est également étudié. De plus, pour l'étude des propriétés électriques, le comportement diélectrique des nanohexaferrites de baryum est étudié en fonction de la fréquence.

CHAPITRE 2

SYNTHÈSE ET CARACTÉRISATION

2.1 Technique de synthèse

Les techniques de synthèse des nanomatériaux comprennent les précurseurs sous forme de phases liquides, solides ou gazeuses qui sont employés dans certaines réactions chimiques ou physiques pour créer des particules de taille nanométrique à partir de matériaux plus simples. La synthèse de la nanohexaferrite de baryum peut être réalisée en utilisant deux approches différentes : l'approche descendante et l'approche ascendante, comme le montre la figure 2.1.

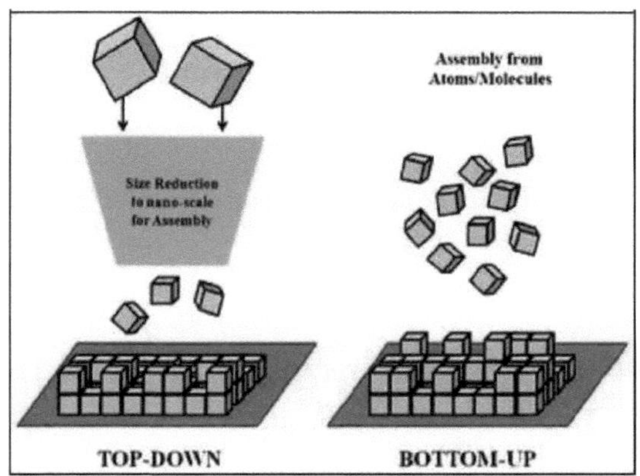

Figure 2.1 Approche de la synthèse : Top-Down et Bottom-Up

(a) Approche descendante

Elle consiste à sculpter le matériau en vrac pour créer des particules de taille nanométrique. Elle implique une abrasion mécanique contrôlée ou un broyage du matériau de départ, suivi d'un traitement thermique pour synthétiser le composite requis. Cette technique est analogue à la technique de fabrication suivie par les industries des semi-conducteurs, qui consiste à former les dispositifs à partir d'un substrat de silicium par des techniques de lithographie et de gravure. Le fraisage de billes est un exemple d'approche descendante suivie pour la synthèse de nanohexaferrites. Afin de produire des composites homogènes à partir de cette approche, des températures assez élevées peuvent être impliquées.

(b) Approche ascendante

La manipulation atomique ou moléculaire de la matière est impliquée dans l'approche ascendante pour synthétiser les non-matériaux. Cette technique consiste à construire des nanostructures en assemblant les atomes du matériau à l'aide de produits chimiques et de leurs réactions et en passant de l'échelle atomique à l'échelle nanométrique. Les exemples de techniques ascendantes sont les suivants : sol-gel, hydrothermique, microémulsion, combustion, co-précipitation chimique. Les différentes techniques de synthèse sont mentionnées dans la figure 2.2.

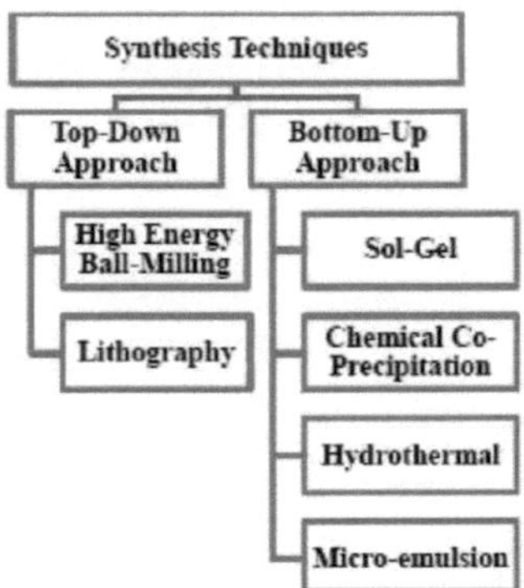

Figure 2.2 Techniques de synthèse des nanohexaferrites de baryum

Cependant, les problèmes critiques rencontrés au cours du processus de synthèse sont les suivants

- Contrôle de la taille, de la structure et de la composition chimique du nanomatériau.
- Rendement du nanomatériau obtenu.
- Contrôle de la température et de la durée de la synthèse.
- Facilité d'accès et faible coût de production.
- Stabilité chimique, mécanique et thermique du et du produit.
- Individuellement dispersé, c'est-à-dire sans agglomération.

2.1.1 Broyage à boulets à haute énergie

Cette technique de synthèse des nanohexaferrites de baryum fait partie de la méthode de réaction à l'état solide qui implique le mélange de quantités stœchiométriques d'oxydes individuels et leur broyage par des moyens mécaniques pour obtenir un mélange homogène [50]. Le broyage est effectué dans une structure cylindrique remplie de billes qui tourne autour de son axe. Le revêtement intérieur du cylindre est fait d'un matériau résistant à l'abrasion. Les billes, dans le processus de rotation du cylindre, créent un impact sur les particules qui se trouvent entre elles et les réduisent à une taille plus petite [19][24].

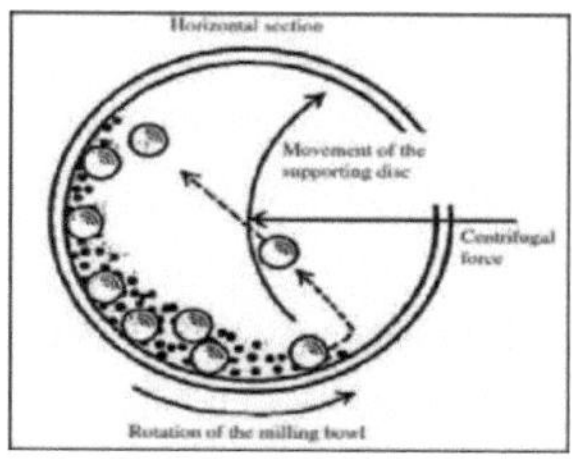

Figure 2.3 Broyage à billes

La poudre broyée est exposée à différentes températures de recuit pendant des durées relativement plus longues, ce qui donne des particules de grande taille avec une large distribution granulométrique. Comme la technique implique un broyage mécanique des précurseurs initiaux dans un cylindre, les probabilités d'ajout d'impuretés augmentent. En outre, les broyeurs à boulets à haute énergie peuvent entraîner des coûts d'installation élevés et nécessiter un espace plus important.

2.1.2 Technique hydrothermique

Cette technique implique la cristallisation de nanomatériaux en utilisant une solution aqueuse à haute température et sous pression de vapeur [53]. La solubilité du matériau dans l'eau chaude sous haute pression décide de la croissance du cristal. La synthèse hydrothermique est réalisée dans une chambre fermée dans laquelle l'eau est utilisée comme solvant, comme le montre la figure 2.4.

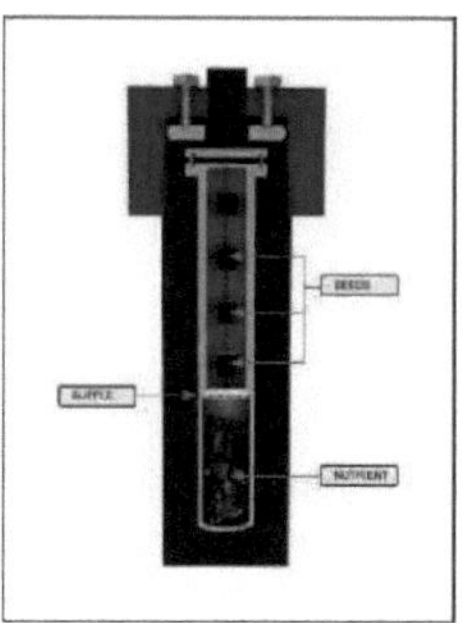

Figure 2.4 Autoclave en acier montrant le processus de la technique hydrothermique.

Le processus de synthèse s'effectue dans un récipient sous pression appelé autoclave, composé d'acier, dans lequel les précurseurs sont introduits avec de l'eau. À l'intérieur de la chambre, entre les extrémités opposées, un gradient de température est conservé. L'extrémité la plus chaude est maintenue à une température élevée qui dissout le soluté dans le solvant, tandis que l'extrémité la plus froide devient l'extrémité pour la croissance du cristal de semence. Le soluté, lorsqu'il est saturé en solution aqueuse, est transporté vers la section la plus froide grâce au mouvement de convection. La pression à l'intérieur de la chambre est maintenue à une valeur élevée et une réaction hydrothermique a lieu. La température du liquide augmente jusqu'à ce qu'un point critique soit atteint et que le fluide commence à se comporter à la fois comme un liquide et comme un gaz. À ce stade, la tension superficielle du liquide est presque insignifiante et le matériau composite se dissout facilement. La méthode hydrothermique présente l'avantage de créer une phase cristalline des cristaux qui deviennent instables et ont une pression de vapeur élevée à leur point de fusion. De grands cristaux de bonne qualité peuvent également être cultivés à l'aide de la technique hydrothermique et leur composition peut être facilement contrôlée. Les inconvénients possibles de cette technique comprennent la nécessité d'utiliser des autoclaves coûteux et la croissance du cristal ne peut être observée à l'intérieur de l'autoclave en raison de la chambre fermée. De plus, en raison de la lenteur de la réaction, il est nécessaire d'utiliser des rayons ultrasoniques ou des micro-ondes, ce qui rend l'installation encore plus coûteuse.

2.1.3 Technique Sol-Gel

Cette technique est également appelée méthode de dépôt par solution chimique utilisée pour la synthèse de céramiques ainsi que d'oxydes de silicium/titane [6][21]. Les précurseurs utilisés par cette technique sont les solutions chimiques qui sont principalement sous forme de chlorures et de nitrates et qui subissent diverses réactions d'hydrolyse et de polycondensation.

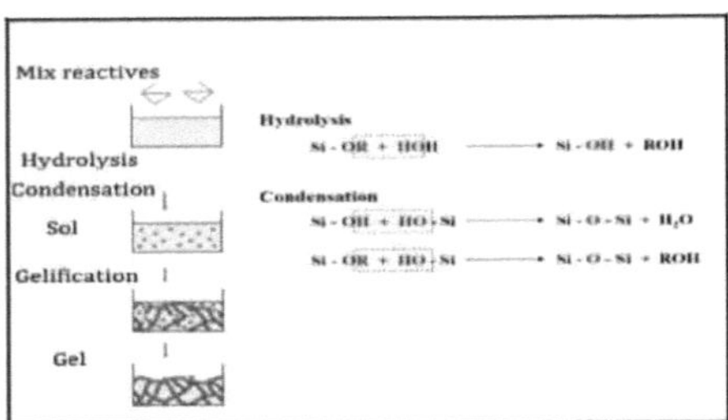

Figure 2.5. Processus impliqué dans la technique Sol-Gel

Ces réactions chimiques entraînent la transformation d'une solution colloïdale, appelée sol, en un gel qui est ensuite soumis à un traitement thermique. Le processus de chauffage élimine la quantité excessive de solvant du gel et le rétrécit et le densifie.

Ce changement de phase influence fortement la microstructure du nanomatériau. La stabilité mécanique et la cristallinité sont améliorées par le processus de frittage. Cette technique offre l'avantage de faciliter la synthèse des nanomatériaux en contrôlant la taille par le maintien du pH, de la température, du temps et de la composition chimique pendant le processus de synthèse [38]. Comme le gel est une suspension moléculaire de particules solides avec l'existence de forces de Van der Waals, son séchage peut nécessiter des températures plus élevées.

2.1.4 Technique de la micro-émulsion

La micro-émulsion est la diffusion de deux liquides incompatibles qui ne sont pas miscibles et qui sont équilibrés par un revêtement tensioactif. C'est la combinaison d'huile et d'eau avec un agent de surface qui forme une monocouche à l'interface entre l'huile et l'eau avec des couches hydrophobes et hydrophiles se trouvant respectivement dans l'huile et l'eau [51, 52]. Le tensioactif joue un rôle crucial dans le processus de synthèse des nanomatériaux comme la croissance, la nucléation et l'agglomération des cristaux. Cette technique a été utilisée pour la synthèse des halogénures et des oxydes de métaux et de polymères. Des hexaferrites de taille nanométrique ont également été synthétisés à l'aide de la technique de micro-émulsion. La particule obtenue peut présenter une faible stabilité en fonction du tensioactif et du pH du liquide dispersé. De plus, en plus d'être complexe, cette méthode donne un faible rendement et entraîne des problèmes de reproductibilité.

2.1.5 Technique de coprécipitation chimique

Cette technique implique l'apparition des réactions de nucléation, de grossissement et de croissance cristalline en un seul processus. La méthode de coprécipitation chimique pour la synthèse de nanoparticules de nanohexaferrites de baryum aboutit essentiellement à la formation de particules insolubles au stade de la sursaturation en raison de la nucléation entre la solution de cation et d'anion. Ensuite, le processus de grossissement ou d'agrégation combine les cristaux ensemble et forme les précipités. Cette agglomération de cristaux affecte la taille, la structure et la forme de la particule. La technique de co-précipitation chimique est utilisée pour la formation d'oxydes métalliques à partir de solutions aqueuses et non-aqueuses par des réactions de précurseurs moléculaires [23-25]. Les impuretés ajoutées à la solution aqueuse au cours du processus de synthèse peuvent occuper un site du réseau dans la structure cristalline, se lier à la surface du précipité ou même se coincer à l'intérieur du cristal au cours de son processus de croissance, selon les différents mécanismes de la co-précipitation chimique, à savoir l'inclusion, l'adsorption et l'occlusion, respectivement.

La coprécipitation chimique est l'une des techniques les plus utilisées pour la synthèse de nanoparticules magnétiques [40]. Le schéma de base de la technique de coprécipitation chimique est présenté dans l'organigramme de la figure 2.6.

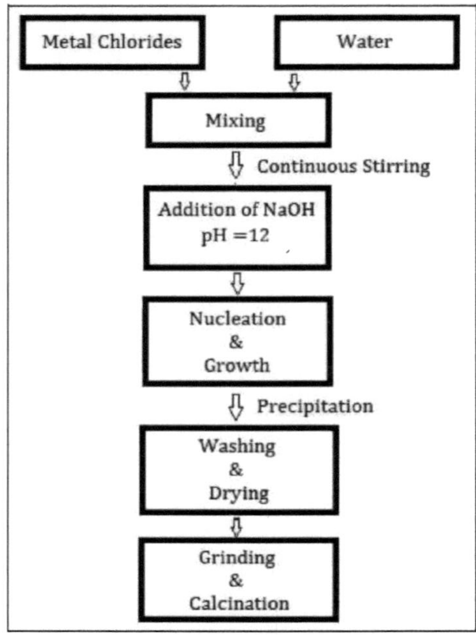

Figure 2.6. Organigramme de base de la technique de co-précipitation chimique

Les précurseurs utilisés sont sous forme de chlorures ou de nitrates dissous dans des solutions aqueuses qui sont titrées en milieu basique. La réaction entre l'anion et le cation entraîne la nucléation et le cristal croît au cours du grossissement. Les précipités formés sont lavés à l'eau distillée et à l'éthanol pour éliminer les sous-produits. Ensuite, les précipités sont séchés dans un four pendant une nuit pour éliminer l'excès d'eau et obtenir l'échantillon séché. Le broyage de l'échantillon séché est effectué à l'aide d'un mortier et d'un pilon pour obtenir une poudre fine. Cette poudre asynthétisée, caractérisée par la diffraction des rayons X, est de nature amorphe. Un traitement thermique approprié est ensuite appliqué à la poudre pour rendre le matériau cristallin. Pour cela, l'échantillon est calciné à une température appropriée dans un four à moufle pendant une durée déterminée et broyé à nouveau.

Avantages de la technique de coprécipitation chimique

Cette technique offre l'avantage de contrôler la croissance des cristaux en gérant le pH, la température, la vitesse d'agitation et le temps de calcination [20][42]. La synthèse de la nanohexaferrite de baryum pure et dopée dans notre travail est basée sur la technique de coprécipitation chimique car elle offre un certain nombre d'avantages énumérés ci-dessous :

- Simple et fiable, avec un coût d'installation réduit pour la synthèse.
- Contrôle de l'homogénéité chimique et de la taille des cristallites.

- Une plus grande pureté avec moins de risques d'obtenir des impuretés.
- La température requise est plus basse que celle des autres techniques.
- Plus grande stabilité chimique et thermique.
- Distribution étroite et homogène de la taille des particules.

2.2 Techniques de caractérisation

L'étape de caractérisation implique la mesure des propriétés physiques et chimiques, y compris la structure au niveau atomique et moléculaire des nanomatériaux synthétisés. Les outils de caractérisation sont classés par catégorie comme le montre la figure 2.7.

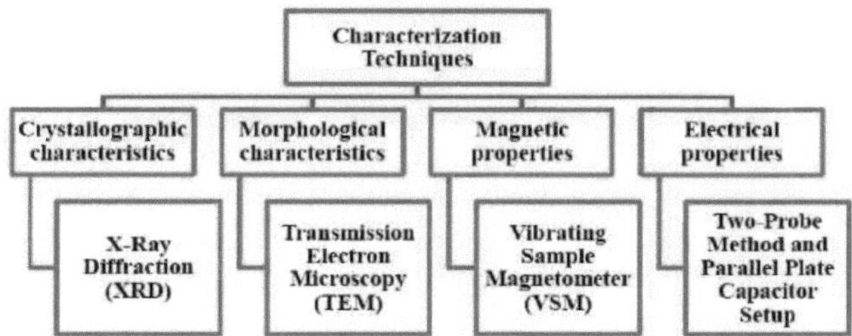

Figure 2.7 Techniques de caractérisation

2.2.1 Caractérisation cristallographique par diffraction des rayons X

L'analyse structurelle est réalisée en termes d'identification de la phase, de calcul de la taille des cristallites et d'étude de la structure morphologique du matériau. La caractérisation cristallographique est réalisée à l'aide de la technique de diffraction des rayons X et la caractérisation morphologique est effectuée à l'aide du microscope électronique à transmission. Pour toutes les études de diffraction des rayons X, l'outil X'PERT Pro de PAN-Analytic XRD est utilisé avec le rayonnement CuKα (0,154 nm) et une tension de générateur de 45 kV. La longueur de l'échantillon est de 10 mm et l'angle de diffusion est compris entre 10° et 80° avec un pas de 0,0170°.

La diffraction des rayons X fait partie des techniques de caractérisation utilisées pour découvrir la structure physico-chimique d'un nanomatériau. La production de rayons X a lieu dans un tube sous vide où un faisceau d'électrons rapides frappe la surface du matériau. Cette interaction des électrons avec la cible entraîne la production de deux types de radiations : Caractéristiques et Bremsstrahlung. Les rayons X caractéristiques proviennent du fait qu'un électron se déplaçant rapidement frappe l'électron de la coquille interne de plus faible énergie et qu'un électron externe occupe cette vacance avec l'émission de photons de rayons X. Les radiations Bremsstrahlung sont générées par la perte d'énergie due à l'obstruction causée par le noyau. Ces deux rayonnements forment ensemble le spectre de l'énergie des rayons X. Le cuivre (Cu) est généralement utilisé comme matériau cible dans le diffractomètre à rayons X et les rayons X ainsi produits frappent la surface du matériau à tester.

Figure 2.8. Outil PAN-Analytic X-Ray Diffraction X'PERT Pro.

C'est pour cette raison que les substances monocristallines ou polycristallines peuvent être identifiées et caractérisées à l'aide de cette méthode, qui consiste à faire correspondre le profil de pic d'intensité souhaité à celui du profil standard de la même substance. Ce processus de comparaison avec les résultats standard est effectué en utilisant les données du JCPDS (Joint Committee on Powder Diffraction Standards). La détermination des motifs se fait de manière expérimentale, en se basant sur l'interaction des rayons X avec la structure cristalline et la loi de Bragg.

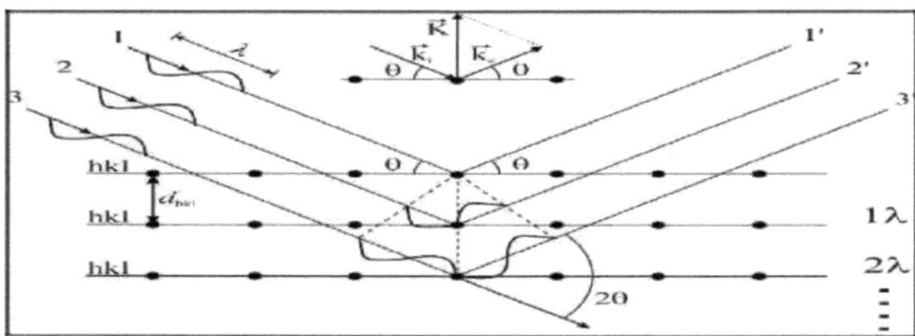

Figure 2.9. Représentation géométrique de la loi de Bragg

D'après cette loi, la diffraction des rayons X peut être considérée comme la réflexion des rayons X sur les plans cristallographiques, comme le montre la figure 2.9. Comme le rayon qui se réfléchit depuis la surface parcourt une distance plus courte (1') que le rayon qui s'est réfléchi depuis l'intérieur du plan (2' ou 3'). Par conséquent, ces rayons après réflexion peuvent interférer de manière constructive ou destructive. Ce phénomène est appelé la diffraction des rayons X. Les différences entre les distances parcourues par un ensemble d'ondes qui sont incidentes sur les plans cristallins adjacents sont déterminées par leur espacement interplanaire et l'angle d'incidence du rayon. Afin d'obtenir les pics de diffraction d'intensité maximale, des interférences constructives se produisent et la différence de trajet totale doit dans ce cas être un multiple entier de la longueur d'onde (c'est-à-dire $n\lambda$).). Par conséquent, l'équation de la loi de Bragg s'exprime comme suit :

$$n\lambda = 2d\sin\theta \qquad (2.1)$$

Où θ étant l'angle de Bragg ou l'angle de diffraction, λ est le rayon X longueur d'onde et d est l'espacement interplanaire.

Le diffractomètre à rayons X, comme le montre la figure 2.10, est composé de trois éléments de base : le tube à rayons X, le porte-échantillon et le détecteur de rayons X. Le cuivre est utilisé comme source pour la génération des rayons X qui est fixe. Comme présenté dans le diagramme, l'angle d'incidence ω reste la moitié de l'angle du détecteur 2θ. La rotation de l'échantillon se fait à 0 °/min et celle du détecteur à 20 °/min. Un goniomètre maintient l'angle de rotation de l'échantillon.

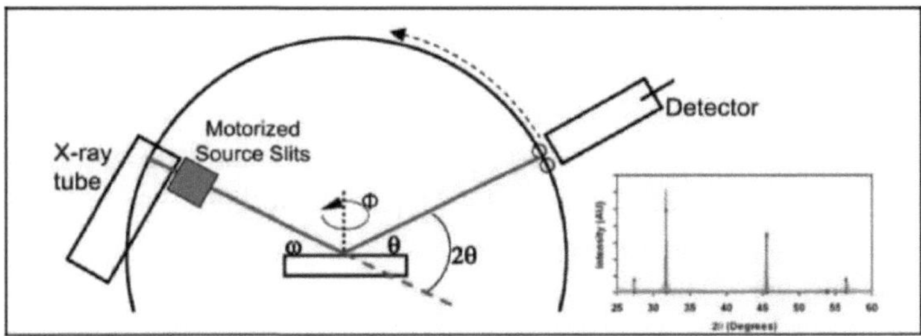

Figure 2.10 Structure interne d'un diffractomètre à rayons X

La détection des rayons X diffractés est effectuée par un film circulaire autour de l'échantillon qui enregistre le faisceau diffusé et les pics d'intensité sont générés lorsque le cristal est tourné pour faire varier l'angle de diffusion. Un pic d'intensité apparaît aux positions où la loi de Bragg est satisfaite ou au point où le matériau contient des plans de réseau avec un espacement d approprié pour diffracter les rayons X à cette valeur de 0. En outre, en utilisant l'équation de Bragg, l'espacement d est calculé pour la valeur appropriée de X. Après avoir calculé la valeur de l'espacement d, des routines de recherche informatisées associent les valeurs mesurées de d de l'inconnu à celles des valeurs existantes de matériaux connus disponibles auprès du Centre international de données de diffraction sous forme de fichier de diffraction des poudres (PDF). En raison de l'unicité d'un ensemble d'espacements d, cette procédure de correspondance aide à l'identification de l'échantillon inconnu.

Calcul de la taille à l'aide des diagrammes XRD et de l'équation de Debye-Scherrer.

L'équation de Debye-Scherrer est utilisée pour calculer la taille de la cristallite à partir des positions des pics et de leurs valeurs correspondantes de largeur à mi-hauteur (FWHM) obtenues à partir des résultats de la XRD, comme le montre l'équation 2.

$$\tau = k\lambda/\beta\cos\theta \tag{2.2}$$

Où τ est la taille moyenne des cristallites, β est l'élargissement de la ligne en radians ou FWHM, $\backslash$ est l'angle de Bragg, λ est la longueur d'onde des rayons X (0,154 nm) et k = 0,94 (constante de Scherrer).

2.2.2 Microscope électronique à transmission

Le microscope électronique à transmission (MET) est une technique qualitative qui est utilisée pour étudier la morphologie et la cristallinité des nanomatériaux. Cette technique est capable de produire des images de plus haute résolution que les microscopes optiques. Les images produites par TEM sont utilisées pour étudier les détails fins au niveau atomique et moléculaire. Comme la résolution d'une image produite par les microscopes optiques est limitée par la longueur d'onde de la lumière utilisée, le TEM utilise un faisceau d'électrons d'une énergie suffisamment élevée pour éclairer l'échantillon. Ce faisceau d'électrons traverse le matériau et une image est produite à partir de l'interaction entre ces électrons et le spécimen conservé pour le test. Le faisceau d'électrons est produit par un canon à électrons par le processus d'émission thermionique avec une tension d'accélération allant de 50 kV à 150 kV. Plus les tensions sont élevées, plus les longueurs d'onde sont petites, ce qui permet d'obtenir des résolutions plus importantes, jusqu'à 0,1 nm pour les images de réseau, et des grossissements plus élevés, jusqu'à 1 million de fois.

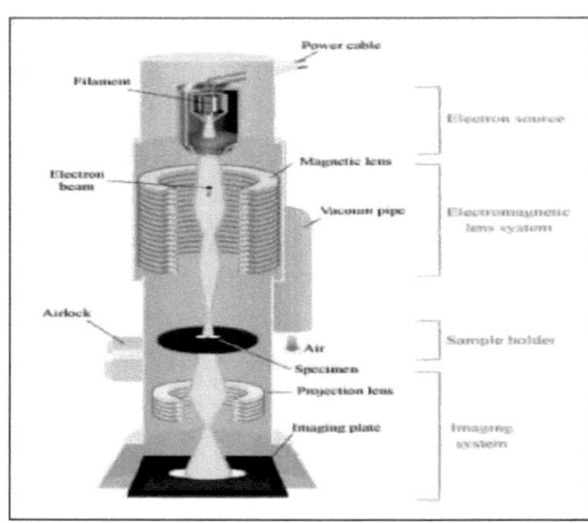

Figure 2.11 Représentation schématique du microscope électronique à transmission

La figure 2.11 montre la représentation schématique d'un microscope électronique à transmission. Il est composé de quatre éléments constitutifs : la source d'électrons, le système de lentilles électromagnétiques, le porte-échantillon et le système d'imagerie. Le cylindre métallique sous vide est équipé d'une cathode et d'une anode qui constituent la partie de la source d'électrons dans laquelle les électrons sont générés par la cathode et accélérés par l'anode. Le tungstène utilisé comme cathode est chauffé par l'application de très hautes tensions, ce qui entraîne l'émission d'électrons. Ce faisceau d'électrons est focalisé par un système de lentille électromagnétique dans lequel la lentille magnétique crée son champ magnétique et une ouverture limite le faisceau vers l'échantillon qui est maintenu sur le porte-échantillon dans la chambre à échantillon. Le mécanisme de sas présent dans la chambre à spécimen permet d'éviter la rupture du vide. L'image produite est projetée sur l'écran phosphorescent à travers les lentilles électromagnétiques qui ont pour fonction de refocaliser le faisceau d'électrons, car les électrons sont diffusés après avoir traversé l'échantillon. Le degré de diffusion du faisceau dépend de la masse atomique du spécimen. Plus la masse des atomes est importante, plus le degré de diffusion est élevé. La cavité d'observation contient une fenêtre permettant de visualiser l'image du spécimen formée par la fluorescence sur l'écran. Un binoculaire est également fixé à l'appareil pour permettre la mise au point et la visualisation d'une image agrandie. La taille estimée des particules dans l'image sur l'écran peut également être évaluée à l'aide de la petite échelle fournie sur l'écran photographique. Enfin, la fluorescence produite sur l'écran est enregistrée par la caméra qui a la possibilité d'enregistrer les données.

La caractérisation morphologique de ce travail à l'aide du TEM est effectuée au Sophisticated Analytical Instrumentation Facility (SAIF) de l'Université du Punjab. Un microscope électronique à transmission, Hitachi (H-7500) 120 kV est armé d'une caméra. La résolution de l'instrument est de 0,36 nm avec une tension de fonctionnement de 40-120 kV. Il a la capacité de grossir un objet jusqu'à 6 lakh fois en mode haute résolution appelé HRTEM. Les spécifications de l'instrument sont les suivantes : champ de vision maximum à x700 avec deux modes d'image et une navigation automatique. L'ordinateur relié au système permet de contrôler la vue de l'image qui peut être modifiée dans toutes les directions.

(a)   (b)

Figure 2.12 (a) et (b) montrant l'instrument TEM Hitachi (H-7500) au SAIF, PU.

Modes de fonctionnement du TEM :

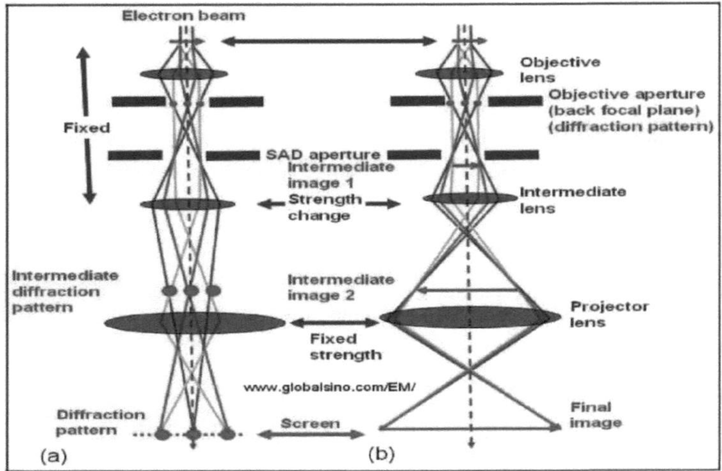

Figure 2.13 Modes de fonctionnement du TEM : Diffraction et Image [55]

2.2.3 Propriétés magnétiques à l'aide d'un magnétomètre à échantillon vibrant

Afin d'étudier les paramètres magnétiques associés à la boucle d'hystérésis comme l'aimantation à saturation, la coercivité magnétique et la rémanence, un magnétomètre à échantillon vibrant est utilisé. Il peut être utilisé en fonction de la variation du champ magnétique, du temps et de la température. Ils sont adaptés à la recherche et au développement, aux tests de qualité, à la production et au contrôle des processus. Le VSM peut être utilisé pour des échantillons de toute forme, comme les solides, les liquides, les monocristaux et les films minces. Les VSM modernes ont été rendus facilement accessibles aux non-spécialistes car ils utilisent un système automatisé d'acquisition et d'analyse des données qui fonctionne sur ordinateur.

Principe de fonctionnement

Le magnétomètre à échantillon vibrant fonctionne selon le principe de la loi d'induction de Faraday, c'est-à-dire qu'en appliquant un champ magnétique uniforme H à un matériau magnétique, il se produit un moment magnétique induit dans l'échantillon. Cet échantillon avec un moment magnétique induit est placé entre les bobines de détection et à l'aide d'un vibrateur mécanique, il est soumis à un mouvement sinusoïdal. Ce mouvement de l'échantillon entraîne un changement du flux magnétique qui est lié à la bobine et induit une tension dans celle-ci. La tension induite est proportionnelle au moment magnétique de l'échantillon qui est ensuite amplifié et enregistré. Plus la magnétisation de l'échantillon est élevée, plus le courant induit dans les bobines de détection est important.

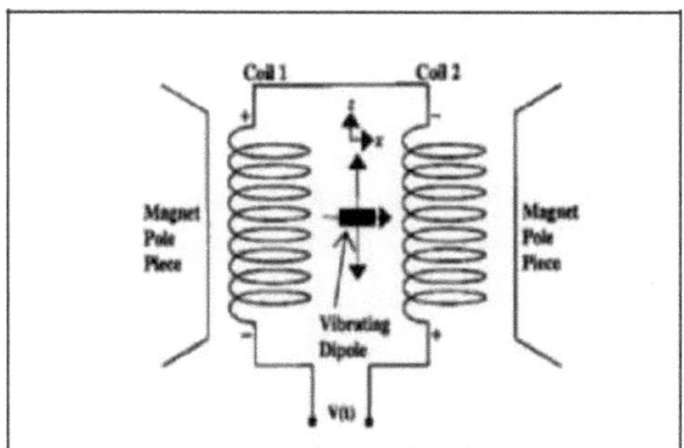

Figure 2.14. Illustration du principe de la VSM [56].

Composants internes du VSM

Les éléments de base du VSM sont présentés dans la figure 2.15. Il comprend une paire d'électro-aimants, un porte-échantillon, un vibrateur, des bobines de détection, un amplificateur de verrouillage et un ordinateur personnel.

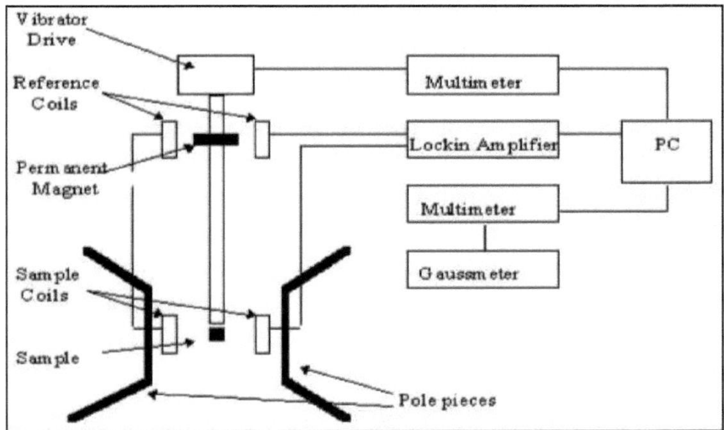

Figure 2.15 Structure interne du magnétomètre à échantillon vibrant

Les pièces polaires de l'électroaimant génèrent un champ magnétique fixe qui est utilisé pour magnétiser l'échantillon qui est maintenu sur le porte-échantillon entre les pièces polaires et est attaché à l'excitateur de vibrations. Le vibrateur crée un mouvement de haut en bas pour l'échantillon dans lequel un champ magnétique a été induit. La modification du champ magnétique due à la vibration génère un flux variable à travers les bobines du capteur qui sont placées autour de l'échantillon, ce qui entraîne un courant alternatif à une fréquence identique à celle des vibrations. Ce courant est la mesure du moment magnétique dans le matériau qui est ensuite amplifié. L'amplificateur à verrouillage effectue le filtrage du signal en sélectionnant uniquement les signaux à la fréquence de vibration et en rejetant les signaux de bruit de l'environnement. Enfin, en utilisant l'interface de l'ordinateur, les données sont collectées et tracées sous forme de courbe d'hystérésis.

2.2.4 Propriétés électriques à l'aide d'un compteur LCR et de la méthode à deux sondes

L'étude des propriétés électriques comprend les mesures de la résistance électrique en courant continu à partir des caractéristiques V-I obtenues à l'aide de la méthode des deux sondes et les propriétés diélectriques qui comprennent la mesure de la permittivité diélectrique complexe, de la perte diélectrique et de la tangente de perte en fonction de la fréquence. Les paramètres diélectriques sont étudiés à l'aide d'un montage de condensateurs à plaques parallèles et d'un testeur LCR. Puisque les nanohexaferrites de baryum présentent des propriétés électriques intéressantes avec des applications variables à des fréquences plus élevées, elles constituent un matériau intéressant pour les dispositifs à micro-ondes. Par conséquent, l'étude du comportement électrique de la forme pure et dopée des nanohexaferrites de baryum est réalisée à différentes fréquences.

(i) Mesures de la résistance électrique en courant continu par la méthode des deux sondes

Les hexaferrites sont des matériaux non conducteurs et hautement résistifs dont la résistance se situe dans la gamme des méga Ohms. Les techniques disponibles pour l'étude de la résistance électrique d'un matériau sont les suivantes : Les méthodes à deux et quatre sondes. La technique à quatre sondes est utilisée pour mesurer des résistances plus faibles, mais comme les hexaferrites ont un comportement de résistance élevé, la technique à deux sondes est utilisée à température ambiante. Afin d'étudier les propriétés électriques, l'échantillon en poudre est pressé en une pastille en utilisant 10 tonnes de pression avec un diamètre de 6mm et une hauteur de 2mm.

La méthode des deux sondes est une technique standard utilisée pour la mesure des matériaux hautement résistifs. Les pré-requis de cette méthode comprennent des électrodes en cuivre, une alimentation Keithley DC, une chambre à vide et un nano/micro ampèremètre DC. La pastille est placée sur le porte-échantillon qui est équipé d'électrodes en cuivre placées symétriquement les unes par rapport aux autres et de la pâte d'argent est utilisée pour établir les contacts électriques. Ce porte-échantillon qui possède des contacts électriques pour l'alimentation en courant continu (Keithley variable

alimentation en courant continu) et un ampèremètre à connecter en série avec lui, est placé dans une chambre à vide. La variation de la valeur du courant est observée en fonction de la variation de la tension et un graphique correspondant est tracé. Enfin, la pente du graphique donne la valeur de la résistance en courant continu. L'installation de deux sondes est illustrée à la figure 2.16.

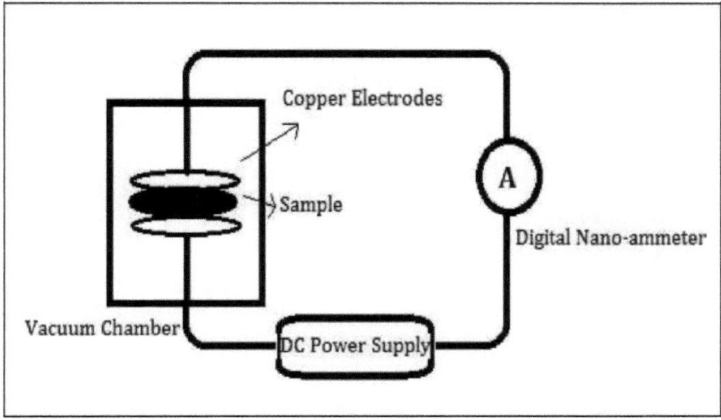

Figure 2.16. Représentation schématique de la méthode des deux sondes

Comme la résistance en courant continu d'un matériau est définie comme le rapport entre la tension et le courant correspondant, la résistance mesurée par la loi d'Ohm est donnée comme suit

La résistivité du nanomatériau est calculée par l'équation 3.4.

Dans laquelle R est la résistance qui est calculée à partir de la pente des caractéristiques V-I ; A est la surface de la section transversale et L est la distance entre les plaques ou l'épaisseur de la pastille.

$$\rho = \frac{RA}{L} \qquad (2.4)$$

(ii) Propriétés diélectriques à l'aide d'un condensateur à plaques parallèles et d'un compteur LCR.

L'une des techniques les plus simples, rapides et économiques pour étudier l'effet de la fréquence sur les propriétés diélectriques des nanohexaferrites de baryum pures et dopées est l'utilisation d'un montage à plaques parallèles avec un Hi-tester LCR. Les valeurs des paramètres réactifs pour l'analyse A.C. de n'importe quel nanomatériau comme l'inductance, la capacité, l'impédance, le facteur de dissipation et le facteur de qualité peuvent facilement être mesurées en utilisant un compteur LCR. La configuration pour la mesure des paramètres

$$V = IR \qquad (2.3)$$

diélectriques comprend la chambre à vide dans laquelle le porte-échantillon incorporant les électrodes de cuivre est placé. Ces électrodes de cuivre agissent comme les deux plaques d'un condensateur. La capacité mesurée sans l'échantillon diélectrique mesure la capacité de l'espace libre $c°$. La valeur de la constante diélectrique (ε_r'), , la perte diélectrique (ε_r'') et la tangente de perte $(\tan\delta)$) sont calculées à l'aide des équations 2.5, 2.6 et 2.7 dans lesquelles 't' est l'épaisseur de la pastille, C est la capacité du matériau diélectrique, $L°$ est la capacité de l'espace libre, G est la conductivité et A est la surface de la plaque.

Puisque la formule de la constante diélectrique et de la perte diélectrique inclut la valeur de la capacité du matériau et de la conductivité respectivement, le LCR mètre est utilisé

$$Dielectric\ Constant\ (\varepsilon_r') = C/C° = tC/\varepsilon_0 A \tag{2.5}$$

$$Dielectric\ Loss\ (\varepsilon_r'') = G/wC° = Gt/\varepsilon_0 wA \tag{2.6}$$

$$Loss\ tangent\ (\tan\delta) = \frac{\varepsilon_r''}{\varepsilon_r'} \tag{2.7}$$

pour mesurer la capacité du montage à plaques parallèles avec un matériau diélectrique entre les deux et la conductivité électrique . Les lectures du LCR mètre sont notées et les graphiques sont tracés.

La mesure des propriétés électriques a été effectuée au département de physique de l'université du Punjab. Elle a nécessité l'utilisation d'un Hi-tester Hioki LCR, d'une chambre à vide, d'une électrode en cuivre comme plaques parallèles d'un condensateur, d'une alimentation Keithley DC et d'un nano-ammètre numérique, comme le montre la figure 2.17.

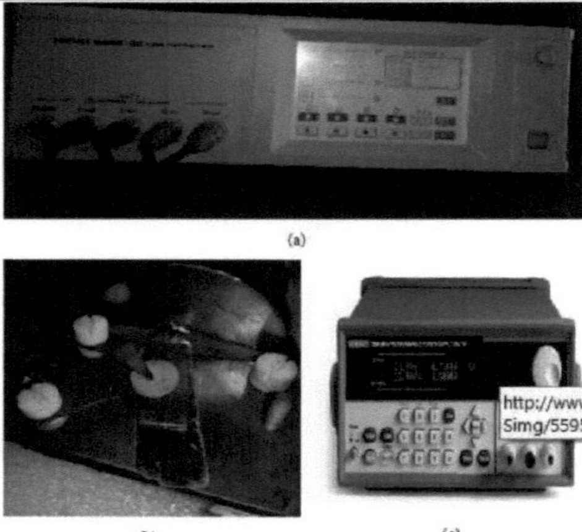

Figure 2.17. (a) Hitester LCR Hioki ; (b) Electrode en cuivre comme condensateur à plaques parallèles ; (c) Alimentation Keithley DC

CHAPITRE 3

SYNTHÈSE DE LA NANOHEXAFERRITE DE BARYUM

3.1 Technique de coprécipitation chimique

La méthodologie utilisée pour synthétiser les nanomatériaux détermine en grande partie leurs propriétés structurelles et morphologiques. Les différentes techniques disponibles pour la synthèse de l'hexaferrite de baryum de taille nanométrique, comme nous l'avons déjà vu, comprennent la méthode sol-gel, la co-précipitation chimique, le broyage à billes, l'hydrothermie et la micro-émulsion. La méthode la plus ancienne de synthèse impliquant des réactions à l'état solide comprend le broyage à billes qui donne lieu à une large distribution de la taille des particules et est plus enclin à l'introduction d'impuretés. De plus, cette approche céramique nécessite des températures de recuit plus élevées, jusqu'à 1200°C [19]. Il est donc nécessaire d'utiliser une technique comparativement plus simple qui puisse contrôler la taille et l'homogénéité chimique des nanoparticules synthétisées tout en maintenant leur stabilité [42]. Cela inclut la méthode de coprécipitation chimique qui est une approche ascendante pour la synthèse de nanohexaferrites de baryum à des températures relativement basses qui implique la manipulation du matériau au niveau atomique ou moléculaire. Les nanoparticules obtenues par cette technique sont ensuite calcinées à une température appropriée, ce qui entraîne la formation d'une phase hexaferrite monocristalline.

La synthèse de nanohexaferrite de baryum pure et dopée est réalisée par la technique de coprécipitation chimique au laboratoire de recherche sur les nanomatériaux de l'université de Chitkara, au Pendjab. Les échantillons dopés comprennent du nickel et du cobalt comme dopants. Un autre échantillon de nanohexaferrites de baryum avec un codopage de nickel et de cobalt est également préparé. Les conditions préalables à la technique de co-précipitation chimique concernent les précurseurs de départ et les équations chimiques impliquées.

3.2 Précurseurs utilisés pour le processus de synthèse

Les produits chimiques utilisés avec leurs formules chimiques et leurs pourcentages de pureté sont répertoriés dans le tableau 3.1.

Tableau 3.1 Précurseurs pour la co-précipitation chimique avec pourcentage de pureté

Sr. Non.	Produits chimiques Nom	Produits chimiques Formule	Pureté Pourcentage	Nom du Fournisseur

1.	Chlorure de baryum di-hydraté	$BaCl_2.2H_2O$	99%	Fisher Scientific
2.	Chlorure ferrique hexahydraté	$FeCl_3.6H_2O$	97%	SD Fine Produits chimiques
3.	Hydroxyde de sodium	NaOH	97%	Fisher Scientific
4.	Chlorure de nickel hexahydraté	$NiCl_2.6H_2O$	97%	SD Fine Produits chimiques
5.	Chlorure de cobalt hexahydraté	$CoCl_2 \cdot 6H_2O$	98%	Thomas Baker

3.3 Équations chimiques impliquées dans la synthèse

Les quantités stœchiométriques des précurseurs sont calculées à partir des rapports molaires dérivés des équations chimiques et des poids moléculaires des composés en fonction des molarités des précurseurs. C'est ainsi que l'on peut contrôler la composition chimique du produit résultant en faisant varier les précurseurs dans la technique de co-précipitation chimique.

- **Nanohexaferrite de baryum pur**

$$12FeCl_3.6H_2O + BaCl_2.2H_2O + 38NaOH \rightarrow BaFe_{12}O_{19} + H_2O + NaCl \qquad (3.1)$$

- **Nanohexaferrite de baryum dopée au nickel**

$$(12-x)FeCl_3.6H_2O + BaCl_2.2H_2O + xNiCl_2.6H_2O + NaOH \rightarrow$$
$$BaNi_xFe12-_xO_{19} + H_2O + NaCl \qquad (3.2)$$

- **Nanohexaferrite de baryum dopée au cobalt**

$$(12-x)FeCl_3.6H_2O + BaCl_2.2H_2O + xCoCl_2.6H_2O + NaOH \rightarrow$$
$$BaCo_xFe_{12-x}O_{19} + H_2O + NaCl \qquad (3.3)$$

- **Nanohexaferrite de baryum codopée au nickel-cobalt**

$$(12-2x)FeCl_3.6H_2O + BaCl_2.2H_2O + xNiCl_2.6H_2O + xCoCl_2.6H_2O +$$
$$NaOH \rightarrow BaNixCoxFe_{12-2x}O_{19} + H_2O + NaCl \qquad (3.4)$$

3.4 Préparation d'échantillons de nanohexaferrites de baryum

Nanohexaferrite de baryum pur

Des échantillons de nanohexaferrites de baryum pures ($BaFe12O19$) sont préparés en utilisant la quantité stoechiométrique de chlorure de baryum di-hydraté ($BaCl_2.2H_2O$: Fisher Scientific, Pureté min. 99%) et de chlorure ferrique hexa-hydraté ($FeCl_3.6H_2O$: SD Fine Chemical, Pureté min. 97%) avec un rapport molaire Fe/Ba de 12:1. Ces précurseurs sont dissous de manière homogène dans de l'eau distillée sous agitation constante pendant quelques heures pour former une solution cohérente. Une quantité appropriée de solution alcaline de NaOH 10M est ajoutée goutte à goutte à cette solution saline à partir de la burette et l'agitation est poursuivie jusqu'à ce qu'un pH de 12 soit atteint. A ce stade, des précipités brun foncé se forment et sont filtrés. Ces précipités filtrés sont lavés plusieurs fois avec de l'eau distillée, puis un dernier lavage avec de l'éthanol pour éliminer l'excès de chlore et d'autres sous-produits. Les précipités lavés sont ensuite séchés dans un four à 100°C pendant 24 heures afin d'en éliminer correctement l'eau. Ces échantillons séchés sont ensuite broyés pour préparer la forme en poudre.

Le processus de synthèse est suivi d'un traitement thermique en présence d'oxygène/air à différentes températures, appelé calcination. L'échantillon en poudre est calciné dans un four à moufle à 800°C pendant 4 heures, suivi d'un broyage final. Cet échantillon est nommé PBa, c'est-à-dire nanohexaferrite de baryum pure. De même, une autre partie de l'échantillon, appelée BNFP1, est préparée et calcinée à 600°C pour analyser l'effet de la température de calcination sur la phase et la taille des cristallites. Une partie de l'échantillon tel que synthétisé sans calcination est également considérée pour l'analyse structurelle. La figure 3.1 montre l'organigramme du processus complet de synthèse des nanohexaferrites de baryum pur.

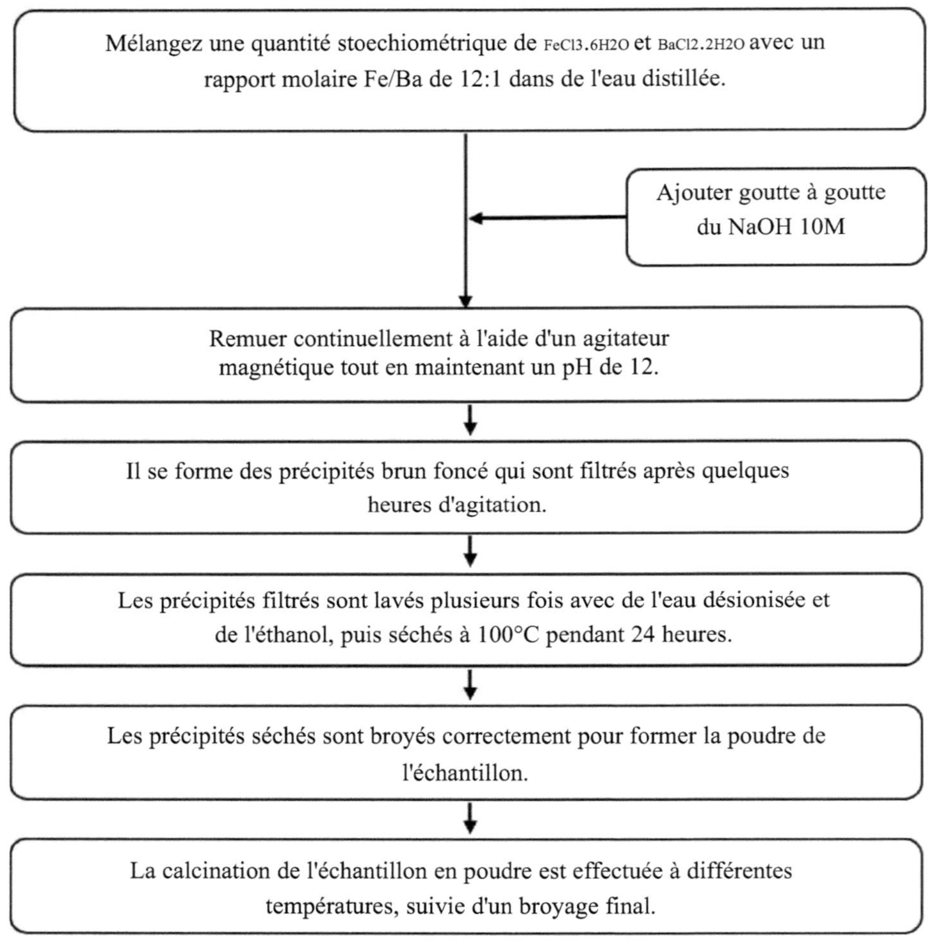

Figure 3.1 Organigramme montrant le mécanisme complet de coprécipitation chimique

Nanohexaferrites de baryum dopées

Pour les nanohexaferrites de baryum dopées, on suit un processus similaire dans lequel des quantités stœchiométriques de dopants (nickel et cobalt) sont ajoutées aux précurseurs initiaux. Les produits chimiques supplémentaires utilisés pour les hexaferrites de baryum dopées au nickel et au cobalt sont respectivement le chlorure de nickel hexa-hydraté et le chlorure de cobalt hexa-hydraté. Différents échantillons avec des concentrations variables de nickel et de cobalt sont préparés par la même méthode de co-précipitation chimique suivie d'une calcination à 800°C pendant 4 heures. Les échantillons de nanohexaferrites de baryum dopées au nickel sont nommés BNX1, BNX5 et BNX10 pour x = 0,01, 0,05, 0,1 respectivement. De même, les noms d'échantillons pour les nanohexaferrites de baryum dopées au cobalt BCX1, BCX5 et BCX10 sont utilisés pour x = 0,01, 0,05, 0,1. Un autre échantillon codopé au nickel et au cobalt, appelé BNCX1 pour x = 0,01, est préparé. Les noms et la description des échantillons préparés par la technique de coprécipitation chimique sont énumérés dans le tableau 3.2.

Tableau 3.2 Noms et description des échantillons préparés par la méthode de coprécipitation chimique

Sr. Non.	Nom de l'échantillon	Formule chimique	Description
1.	BNF1	BaFei2 ٢) i9	Nanohexaferrite de baryum pur calciné à 600˚ C
2.	PBa	BaFei2 ٢) i9	Nanohexaferrite de baryum pure calcinée à 800°C.
3.	BNX1	BaNio.oiFen.990i9	Nanohexaferrite de baryum dopée au nickel (1 %) et calcinée à 800·C.
4.	BNX5	BaNio.osFen.95019	Nanohexaferrite de baryum dopée au nickel (5 %) et calcinée à 800°C.
5.	BNX10	BaNio.ioFen.9oOi9	Nanohexaferrite de baryum dopée au nickel (10%) et calcinée à 800°C.
6.	BCX1	BaCo0.01Feu.99O19	Nanohexaferrite de baryum dopée au cobalt (1 %) calcinée à 800·C.
7.	BCX5	BaCO0.05Feil.95019	Nanohexaferrite de baryum dopée au cobalt (5 %), calcinée à 800°C.
8.	BCX10	BaCo0.10Fen.90O19	Nanohexaferrite de baryum dopée au cobalt (10%) et calcinée à 800°C.
9.	BNCX1	BaNio.oiCoo.oiFen.9sOi9	Nanohexaferrite de baryum codopée au nickel-cobalt (1 %), calcinée à 800°C.

3.5 Résultats du processus de synthèse

La figure 3.2 montre les images des différentes étapes de la co-précipitation chimique.

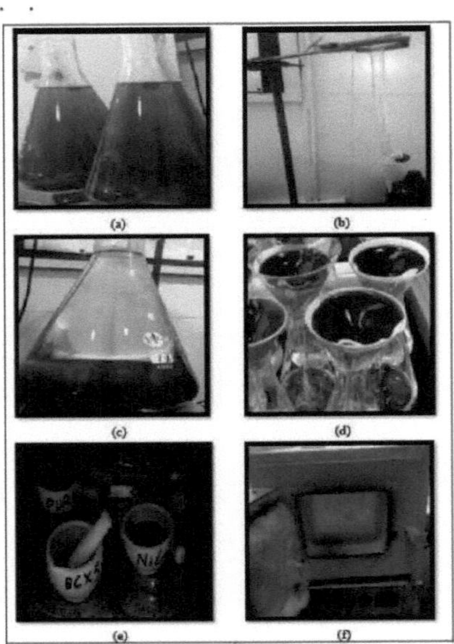

Figure 3.2 (a). Chlorures de Fe et Ba ; (b). Titrage à l'aide de NaOH ; (c). Formation de précipités brun foncé ; (d). Filtration et lavage ; (e). Séchage au four à 100°C ; (f). Calcination dans un four à moufle.

CHAPITRE 4

RÉSULTATS ET DISCUSSIONS

4.1 Analyse structurelle

La caractérisation structurelle est associée à l'agrandissement de l'image du nanomatériau afin de déterminer sa forme et sa structure. Elle peut être divisée en caractérisation cristallographique et morphologique.

4.1.1 Caractérisation cristallographique par diffraction des rayons X

L'étude cristallographique qui comprend la phase et la taille de la cristallite est vérifiée par l'outil de diffraction des rayons X en utilisant l'outil PAN-Analytic XRD X'PERT Pro disponible à l'Université de Punjab, Chandigarh. Il utilise la radiation CuKa (0.154 nm) à température ambiante. La longueur de l'échantillon est de 10 mm et l'angle de diffusion est compris entre 10° et 80° avec un pas de 0,0170°. L'équation de Debye-Scherrer est utilisée pour calculer la taille des cristallites à partir des positions des pics et de leurs valeurs correspondantes de largeur à mi-hauteur (FWHM) obtenues à partir des résultats de la XRD, comme le montre l'équation 4.1.

Où τ est la taille moyenne des cristallites, β est l'élargissement de la ligne en radians

$$\tau = k\lambda/\beta cos\theta \tag{4.1}$$

ou FWHM, \ est l'angle de Bragg, λ est la longueur d'onde des rayons X (0,154 nm) et k = 0,94 (constante de Scherrer) [22].

4.1.2 (a) Étapes pour trouver la taille des cristallites en utilisant l'équation de Debye-Scherrer

A partir du tableau obtenu avec les diagrammes XRD, obtenir les valeurs de la position (20) et de la FWHM.

1. En utilisant la valeur de 20, calculez le cos0.
2. La valeur de FWHM est considérée comme B en degrés. On obtient B en radians en le multipliant par (B/180).
3. Appliquez la formule indiquée dans l'équation 4.1 pour calculer la taille des cristallites.

La taille calculée pour les différents échantillons synthétisés par la technique de coprécipitation chimique avec leur composition et les conditions de calcination a été listée dans le tableau 4.1. La variation de la taille de la cristallite avec le changement de la composition chimique peut être observée.

Tableau 4.1 Taille de la cristallite des échantillons synthétisés en utilisant Debye Scherrer

Echantillon Nom	Produits chimiques Composition	Calcination Température	Calcination Durée	Taille (nm)
BNFP1	BaFei20i9	600°C	4 heures	38.35
PBa	BaFei20i9	800°C	4 heures	51.88
BNX1	Ba^{Ni} o.oi^{Fe} ii.99Oi9	800°C	4 heures	74.09
BNX5	BaNio.o5Feii.95Oi9	800°C	4 heures	86.42

Afin de calculer instantanément la taille des cristallites, un calculateur Debye-Scherrer a été conçu en utilisant l'outil d'instrumentation virtuelle LabVIEW 2010 de National Instrument, comme le montre la figure 4.1.

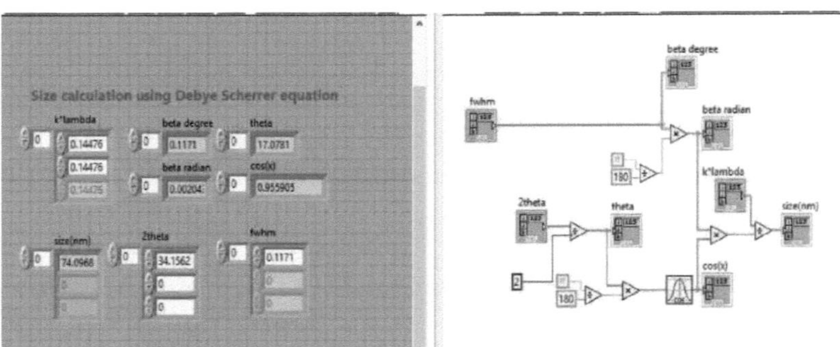

Figure 4.1 Calculateur de la taille des cristallites de Debye-Scherrer dans
LabVIEW 2010,

Les résultats de la diffraction des rayons X des échantillons en poudre peuvent être analysés en étudiant l'effet de divers paramètres sur les caractéristiques structurelles, comme indiqué ci-dessous :

4.1.1 (b) Effet de la calcination sur la structure cristalline de la nanohexaferrite de baryum pure.

La figure 4.2 montre la comparaison des diagrammes XRD de l'échantillon de nanohexaferrite de baryum pure calcinée à 600°C avec l'échantillon sans calcination. Il est observé que l'échantillon sans calcination est de nature amorphe car aucun pic proéminent n'est visible dans les diagrammes XRD. Ces pics larges sont associés à la présence de la phase hématite (Fe_2O_3) comme indiqué par les spectres Mossbauer dans les recherches précédentes [12]. D'après les spectres Mossbauer, aucune phase hexaferrite n'est observée pour les échantillons calcinés à des températures inférieures à 750°C.

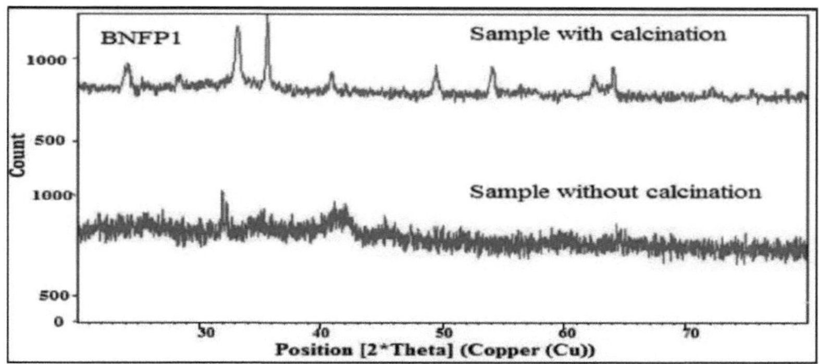

Figure 4.2 Diagrammes XRD montrant l'effet de la calcination sur la structure cristalline.

De plus, avec l'augmentation de la température de calcination, la quantité d'hématite est réduite et les hexaferrites sont augmentées. Ce concept peut être réaffirmé à partir du diagramme XRD obtenu pour l'échantillon avec calcination où la présence de pics nets assure l'existence de la phase hexaferrite [23]. Comme on le voit, le diagramme XRD de l'échantillon avec calcination présente des pics de diffraction majeurs à 2\ = 33.1075° et 35.583°. En utilisant l'équation de Scherrer, la taille moyenne des cristallites de cet échantillon est calculée à 38,35 nm. Il est donc observé que le processus de calcination change la phase du matériau d'amorphe à cristallite.

4.1.2 (c) Effet de la température de calcination sur la taille des cristallites de la nanohexaferrite de baryum pure.

L'effet de l'augmentation de la température de calcination des nanohexaferrites de baryum pur est observé sur la figure 4.3. L'échantillon calciné à une température de 800°C (PBa) présente des pics beaucoup plus importants que l'autre échantillon calciné à 600°C (BNFP1). La taille calculée en utilisant l'équation de Debye Scherrer est de 38.35nm pour

BNFP1 et 51.88nm pour PBa. La largeur du pic diminue avec l'augmentation de la température de calcination en raison de la croissance cristalline et de la formation d'hexaferrite à partir de la phase hématite. Par conséquent, une augmentation de la taille des cristallites est observée avec l'augmentation de la température de calcination.

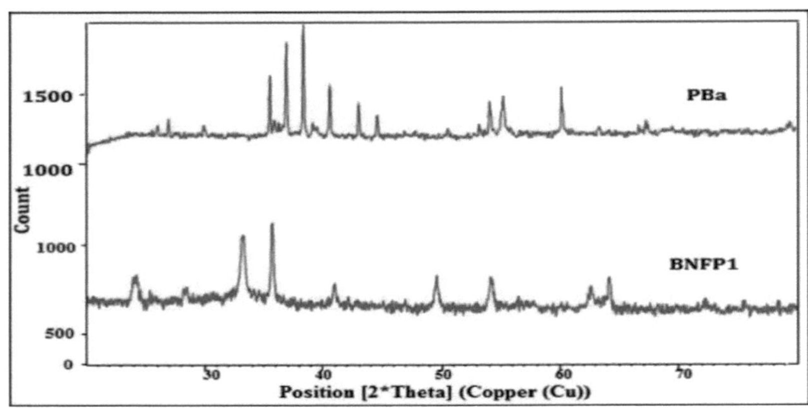

Figure 4.3 Diagrammes XRD montrant l'effet de l'augmentation de la température de calcination sur la structure cristalline.

Effet de la concentration de dopage sur la taille des cristallites de la nanohexaferrite de baryum dopée au nickel

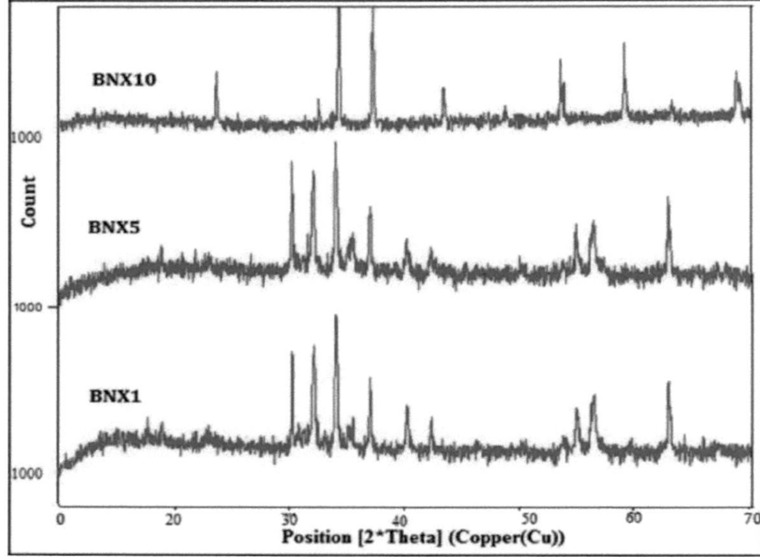

Figure 4.4 Diagrammes XRD montrant l'effet du dopage au nickel sur la taille des

cristallites.

La figure 4.4 montre la comparaison des diagrammes XRD pour des nanohexaferrites de baryum dopées au nickel et calcinées à 800°C pendant 4 heures avec différents niveaux de substitution de Ni. Les quantités de substitutions considérées étaient de 1%, 5% et 10%. En comparaison, des pics plus larges ont été observés pour la plus faible substitution en nickel, c'est-à-dire 1%. En outre, l'augmentation de la concentration de dopage a entraîné un rétrécissement de la largeur du pic, ce qui peut être vérifié à partir de l'augmentation de la taille de la cristallite de 74,09 nm à 103,51 nm. L'augmentation de la taille est attribuée à la substitution des ions ferriques par des ions de nickel en raison d'un rayon ionique et d'une configuration électronique comparables. Le rayon ionique du nickel est de 0,69A et celui du fer de 0,645A. Comme il y a un remplacement des ions Fe par un élément de rayon comparativement plus grand, on observe une augmentation de la taille du cristal.

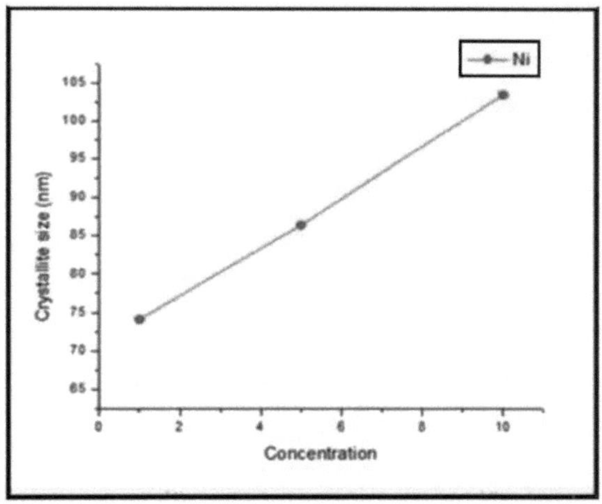

Figure 4.5 Comparaisons du dopage au nickel sur la taille des cristallites de la nanohexaferrite de baryum

Ainsi, l'effet du dopage au nickel et au cobalt sur la taille des cristallites de la nanohexaferrite de baryum est observé et comparé à partir de la figure 4.5 qui révèle que le dopage au nickel de 1,5 et 10% augmente la taille des cristallites alors que le dopage au cobalt du même pourcentage ne crée pas beaucoup de différence sur la taille du cristal.

4.1.3 Caractérisation morphologique par microscopie électronique à transmission (MET)

Les résultats de la caractérisation morphologique des nanohexaferrites de baryum pures et dopées à l'aide du MET sont présentés dans les figures suivantes. Les images TEM révèlent la structure hexagonale en forme de plaque des nanoparticules. La distribution de la taille des particules est également confirmée par les résultats du MET. De même, une variation de la taille et de la structure des échantillons dopés au nickel et au cobalt est observée à partir de leurs micrographies TEM.

4.1.2 (a) Résultats TEM des nanohexaferrites de baryum pur

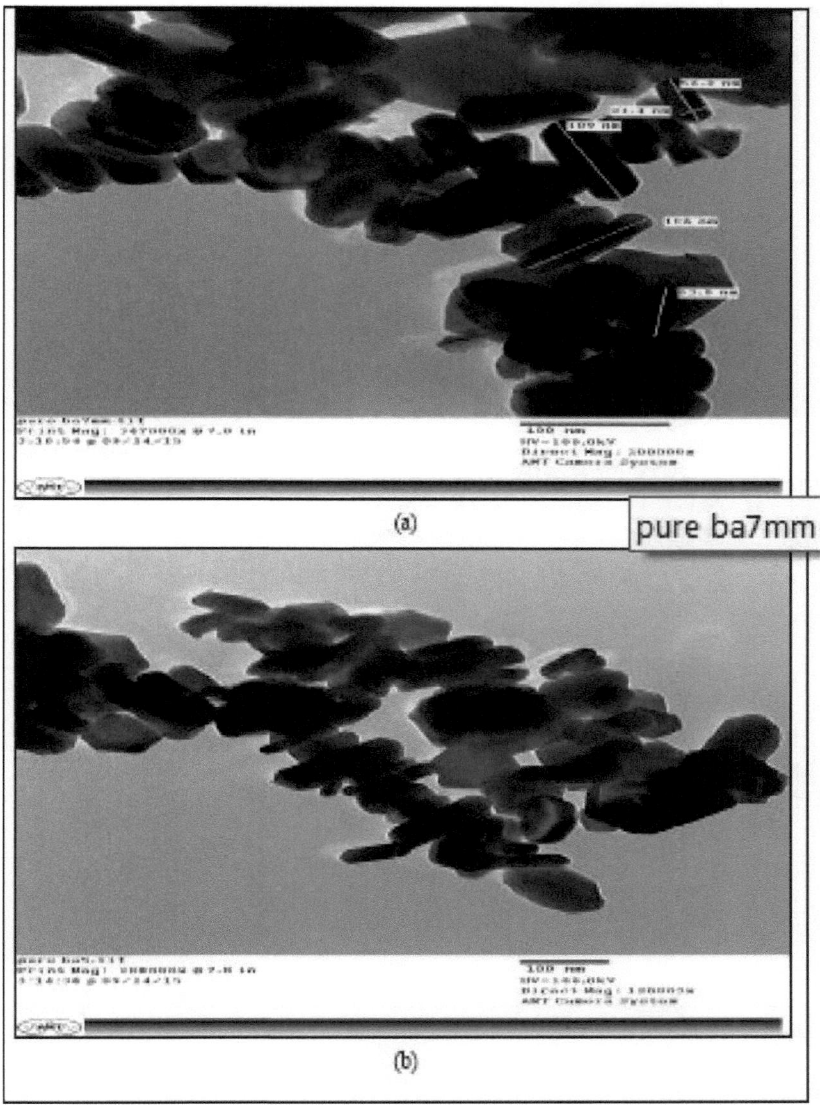

Figure 4.6 (a) et (b) image TEM montrant la distribution de taille et la forme des nanoparticules d'hexaferrite de baryum pur.

4.1.2 (b) Résultats TEM des nanohexaferrites de baryum dopées au nickel

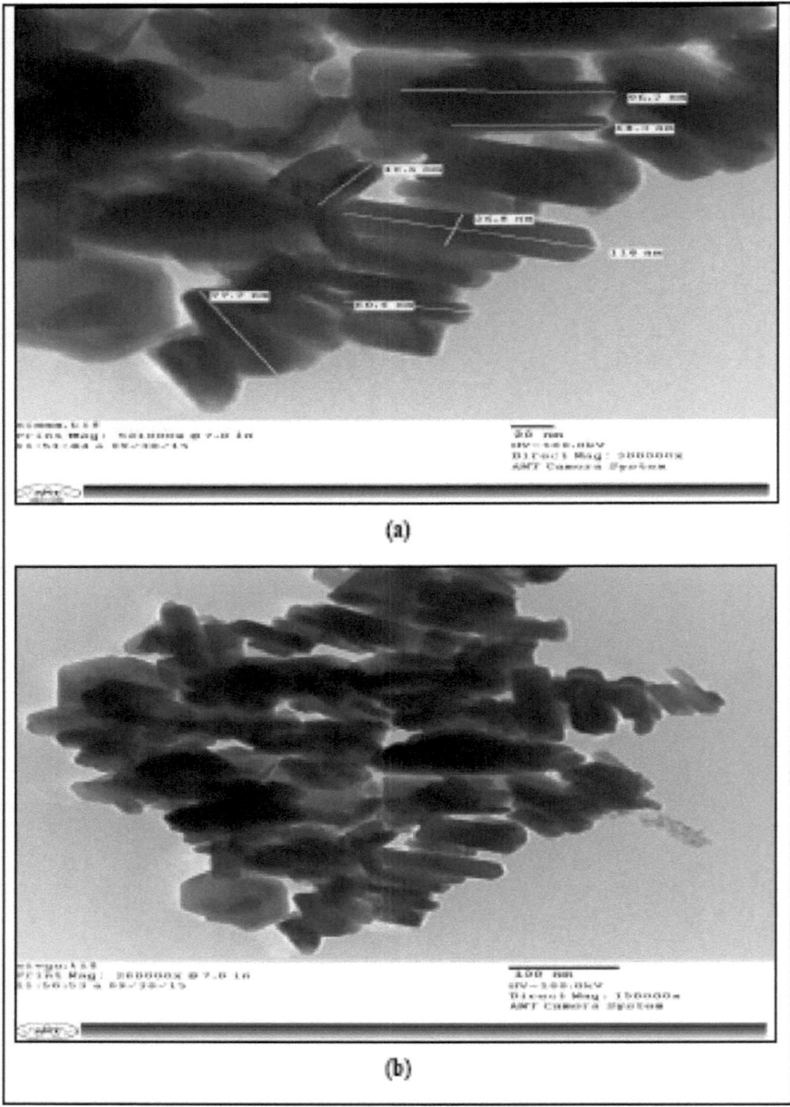

Figure 4.7 (a) et (b) image TEM montrant la distribution de taille et la forme des nanoparticules d'hexaferrite de baryum dopées au nickel.

4.2 Propriétés magnétiques à l'aide d'un magnétomètre à échantillon vibrant

Les résultats des propriétés magnétiques à l'aide du VSM se présentent sous la forme d'une courbe de boucle d'hystérésis à partir de laquelle les paramètres magnétiques tels que l'aimantation à saturation, la coercivité et la rémanence sont calculés à l'aide du logiciel Origin. Les résultats des propriétés magnétiques des nanohexaferrites de baryum pures et dopées sont présentés sous forme de comparaisons afin d'étudier l'effet des différents paramètres énumérés ci-dessous :

4.2.1 Effet de la calcination sur les propriétés magnétiques de la nanohexaferrite de baryum pure.

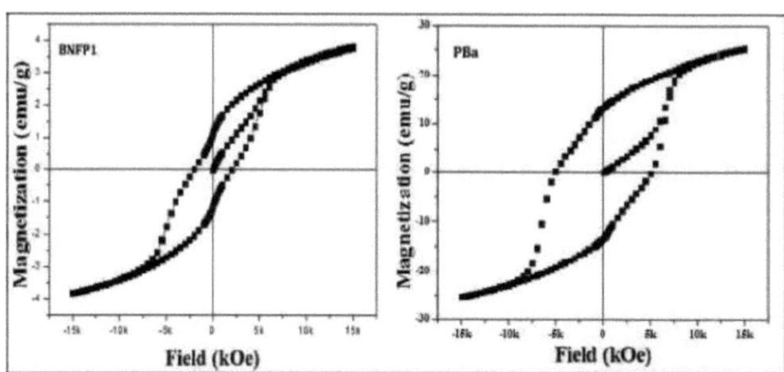

Figure 4.8 Comparaison de la boucle d'hystérésis pour la nanohexaferrite de baryum pure montrant l'effet de la calcination.

La boucle d'hystérésis magnétique de la forme pure des nanohexaferrites de baryum pour les deux échantillons calcinés à 600°C et 800°C est présentée dans la figure 4.8. En comparant la boucle d'hystérésis pour BNFP1 et PBa, on observe un changement significatif dans la boucle d'hystérésis. La nanohexaferrite de baryum pure, lorsqu'elle est calcinée à 600°C, donne une faible valeur d'aimantation à saturation (<10 emu/g) et une coercivité magnétique modérée (~2 KOe). Ces résultats peuvent être mis en relation avec les diagrammes XRD de BNFP1 et PBa, comme le montre la figure 4.9. Le diagramme XRD montre des pics beaucoup plus importants pour le PBa que pour le BNFP1, car des pics diffus apparaissent en raison de la présence de la phase hématite dans le BNFP1 [19].

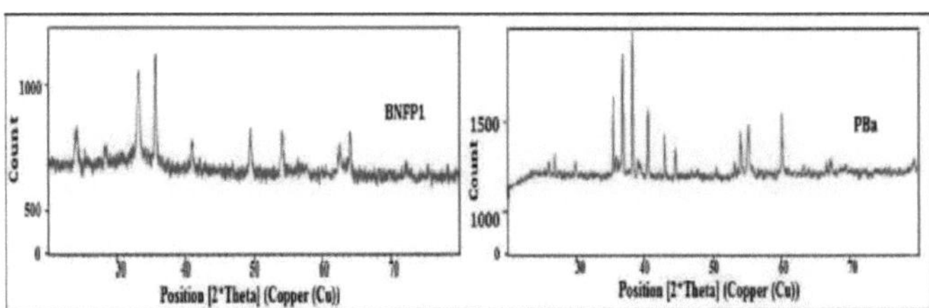

Figure 4.9 Diagrammes XRD de nanohexaferrites de baryum pures calcinées à différentes températures

La présence de la phase hématite amorphe conduit à une faible valeur de Ms pour BNFP1 par rapport à la phase hexaferrite dans PBa, car la phase hématite présente un comportement antiferromagnétique qui conduit à des propriétés magnétiques réduites [57]. De plus, lorsque la température de calcination est augmentée de 600°C à 800°C, ce qui est considéré comme une température appropriée pour la formation de la phase hexaferrite, une augmentation significative de la valeur de l'aimantation à saturation (25.25 emu/g), de la rémanence (13.46 emu/g) et de la coercivité magnétique (5004.24Oe) est observée et listée dans le tableau 4.2.

Tableau 4.2 Comparaison des paramètres magnétiques pour les nanohexaferrites de baryum pur calcinées à 600°C et 800°C

Nom de l'échantillon	Magnétisation de saturation (emu/g)	Coercivité (Oe)	Rémanence (emu/g)
BNF1	3.774	2046 (~2KOe)	1.14
PBa	25.25	5004.24 (~5KOe)	13.46

4.2.2 Effet du dopage au nickel sur la boucle d'hystérésis des nanohexaferrites de baryum.

La figure 4.10 montre la comparaison de la boucle d'hystérésis pour la nanohexaferrite de baryum pure et dopée au nickel dans laquelle on observe une augmentation de l'aimantation à saturation (Ms) de 25,25 emu/g à 29,12 emu/g et de la rémanence (Hr) de 13,46 emu/g à 14,96 emu/g mais une réduction de la coercivité (Hc) de 5004,24 Oe à 4336,14 Oe.

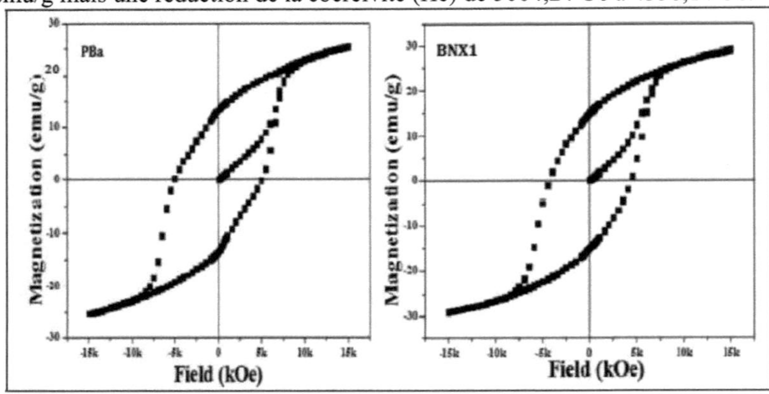

Figure 4.10 Comparaison de la boucle d'hystérésis pour les nanohexaferrites de baryum pures et dopées au nickel

Cette coercivité réduite est le résultat d'un changement de l'axe d'aimantation qui perturbe l'anisotropie uniaxiale des nanohexaferrites de baryum pures, tandis que l'augmentation de la valeur de l'aimantation à saturation s'explique par l'augmentation de la taille des cristallites des nanohexaferrites de baryum dopées au nickel par rapport aux PBa. Les paramètres magnétiques calculés à partir de la boucle d'hystérésis sont résumés dans le tableau 4.3.

Tableau 4.3 Comparaison des paramètres magnétiques pour les nanohexaferrites de baryum pures et dopées au nickel

Nom de l'échantillon	Magnétisation de saturation (emu/g)	Coercivité (Oe)	Rémanence (emu/g)
PBa	25.25	5004.24 (~5KOe)	13.46
BNX1	29.12	4336.14 (~4KOe)	14.96

Les courbes d'hystérésis obtenues pour tous les échantillons permettent de tirer les conclusions suivantes :

- La calcination d'hexaferrites de baryum pures à 800°C permet d'obtenir de bonnes propriétés magnétiques en raison de la réduction de la phase hématite amorphe.
- Le dopage de nanohexaferrites de baryum pur avec du nickel réduit la coercivité mais augmente l'aimantation à saturation.
- Le dopage de nanohexaferrites de baryum pur avec du cobalt réduit modérément la coercivité mais la diminution de l'aimantation à saturation est significative.
- Le codopage de nanohexaferrites de baryum pur avec du nickel et du cobalt réduit modérément la coercivité mais montre une magnétisation de saturation maximale.

4.2.3 Boucle d'hystérésis combinée

La boucle d'hystérésis combinée pour tous les échantillons est présentée dans la figure 4.11 et la valeur de leurs paramètres magnétiques est listée dans le tableau 4.4.

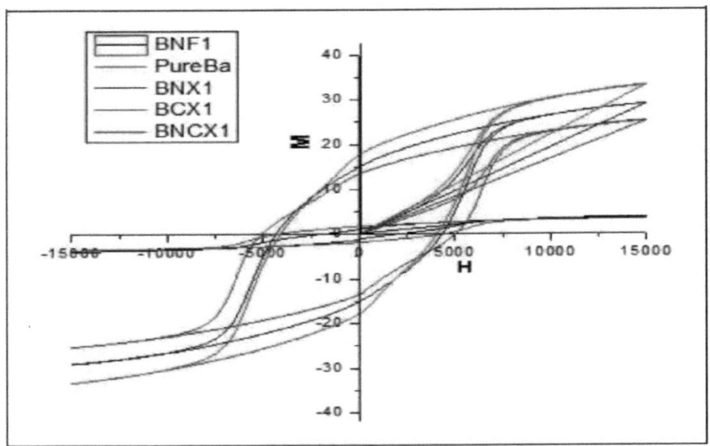

Figure 4.11 Boucle d'hystérésis combinée pour les nanohexaferrites de baryum pures et dopées

Tableau 4.4 Paramètres magnétiques des nanohexaferrites de baryum pures et dopées

Nom de la échantillon	Magnétisation de saturation (emu/g)	Coercivité (Oe)	Rémanence (emu/g)
BNF1	3.774	2046 (~2KOe)	1.14
PBa	25.25	5004.24 (~5KOe)	13.46
BNX1	29.12	4336.14 (~4KOe)	14.96
BCX1	3.48	4367.22 (~4KOe)	1.78
BNCX1	33.57	4002 (~4KOe)	17.76

4.3 Propriétés électriques à l'aide de la méthode des deux sondes et du condensateur à plaques parallèles

La mesure des propriétés électriques des nanohexaferrites de baryum pures et dopées au nickel comprend l'étude de la variation de la constante diélectrique (permittivité relative), de la perte diélectrique et de la tangente de perte en fonction de la fréquence en utilisant le montage de condensateurs à plaques parallèles et le testeur LCR. En outre, il comprend la mesure de la résistance électrique continue pour les deux échantillons en utilisant la méthode des deux sondes.

4.3.1 Variation de la constante diélectrique en fonction de la fréquence de nanohexaferrites de baryum pures et dopées au nickel.

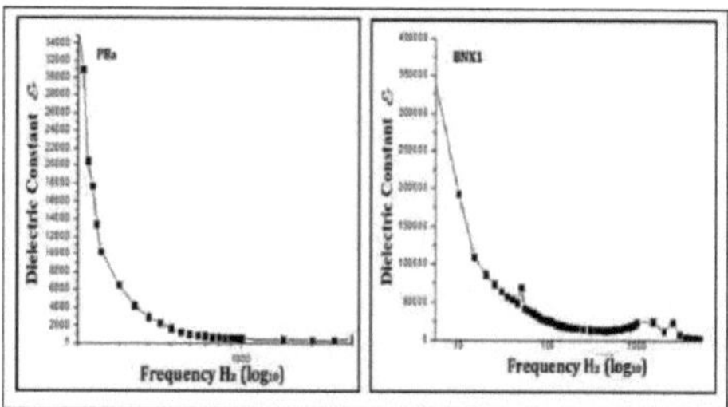

Figure 4.12 Partie réelle de la permittivité relative (constante diélectrique) en fonction de la fréquence pour la nanohexaferrite de baryum pure et dopée au nickel.

La figure 4.12 montre la partie réelle de la permittivité diélectrique complexe (constante diélectrique) en fonction de la fréquence pour les échantillons purs et dopés au nickel. On peut observer qu'à basse fréquence, la constante diélectrique présente une grande valeur dans la gamme de 4×10^6 pour l'échantillon pur et 1×10^6 pour l'échantillon dopé au nickel. Avec l'augmentation de la fréquence, on observe une baisse significative de la permittivité relative et elle devient presque constante lorsqu'elle atteint la gamme des KHz.

4.3.2 Variation des pertes diélectriques en fonction de la fréquence de nanohexaferrites de baryum pures et dopées au nickel.

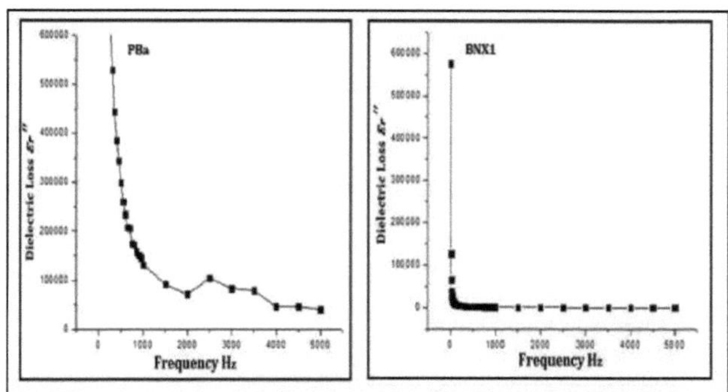

Figure 4.13 Partie imaginaire de la permittivité relative (perte diélectrique) en fonction de la fréquence pour la nanohexaferrite de baryum pure et dopée au nickel.

De même, la figure 4.13 montre la composante imaginaire de la permittivité relative ' en fonction de la fréquence. Comme la formule de la perte diélectrique inclut la fréquence au dénominateur, il existe une relation inverse entre les deux paramètres, ce qui peut être clairement observé sur le graphique. La valeur de la perte diélectrique est donc très faible aux fréquences élevées.

4.3.3 Variation de la tangente de perte en fonction de la fréquence de nanohexaferrites de baryum pures et dopées au nickel.

La tangente de perte diélectrique, qui est le rapport entre la partie imaginaire et la partie réelle, est tracée en fonction de la fréquence dans la figure 4.14. On observe que le BaM dopé au nickel présente une tangente de perte plus élevée jusqu'à 0,4 aux basses fréquences, tandis que le BaM pur commence avec une tangente de perte plus faible et augmente avec la fréquence. Plus les valeurs de tangente de perte sont élevées, plus l'atténuation offerte par le matériau aux ondes électromagnétiques est importante.

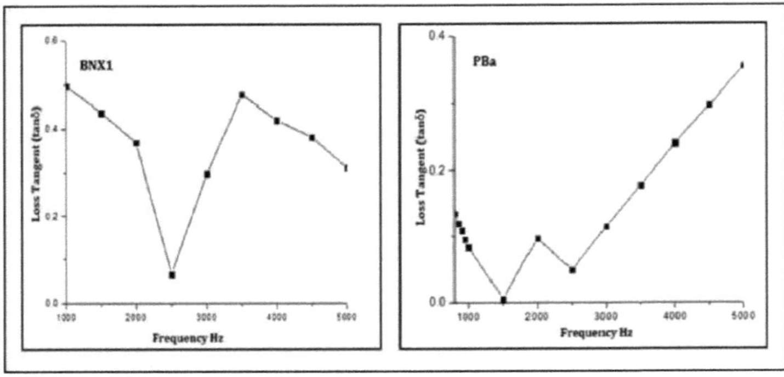

Figure 4.14 Tangente de perte en fonction de la fréquence pour la nanohexaferrite de baryum pure et dopée au nickel.

4.3.1 Résistance électrique en courant continu par la méthode des deux sondes

Le comportement hautement résistif des nanohexaferrites de baryum peut être observé à partir des caractéristiques V-I tracées à l'aide de la méthode des deux sondes, comme le montre la figure 4.15.

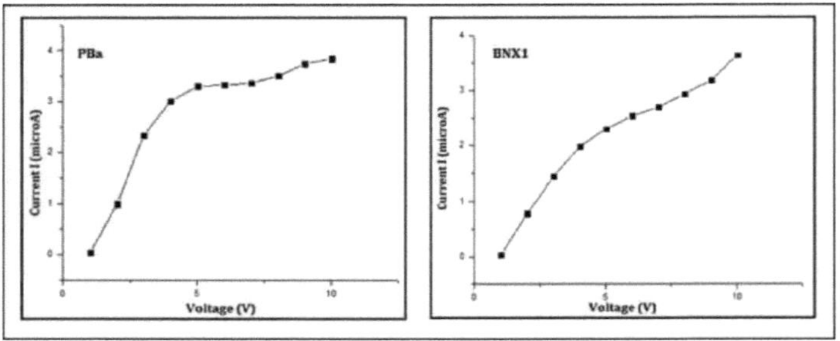

Figure 4.15 Résistance électrique en courant continu pour l'hexaferrite de baryum pure et dopée au nickel.

La résistance des nanohexaferrites de baryum pures est calculée à partir de la pente de la courbe et s'avère être ~2MΩ alors que le dopage avec du nickel conduit à une augmentation de la résistance en courant continu à ~6MΩ.

Conclusion

Les nanohexaferrites de baryum monophasées de type M et leurs composites dopés sont des composés ferrimagnétiques hautement résistifs dont le fer est le principal constituant. Ces matériaux magnétiquement durs sont largement explorés par les chercheurs pour leurs importantes propriétés magnétiques et électriques, comme une grande anisotropie magnétocristalline, une coercivité élevée, une excellente résistance à la corrosion et une stabilité chimique. Les ferrites hexagonaux de type M couvrent un large éventail d'applications technologiques. En raison de leur résistivité et de leur perméabilité élevées, ces nanomatériaux sont utilisés dans les aimants permanents, les dispositifs magnéto-optiques, les supports d'enregistrement magnétique et les dispositifs à micro-ondes à haute fréquence, notamment pour le développement d'absorbeurs de micro-ondes.

Le comportement magnétique et diélectrique des nanohexaferrites est fortement influencé par leurs modifications structurelles qui dépendent également de la technique de synthèse, de la taille des cristallites, de la température de calcination, de la composition chimique et du dopant utilisé. Cependant, des efforts sont faits pour modifier la structure des nanohexaferrites de baryum et pour analyser l'effet de ces modifications structurelles sur leur comportement magnétique et électrique. En outre, la méthodologie utilisée pour synthétiser les nanomatériaux régit grandement leurs propriétés structurelles et morphologiques. Les différentes techniques de synthèse des particules de nanohexaferrite de baryum comprennent le broyeur à boulets, l'hydrothermie, la sol-gel et la coprécipitation chimique.

Dans le présent travail, des nanohexaferrites de baryum sous forme pure et dopée sont synthétisées en utilisant la technique de coprécipitation chimique. Le nanomatériau synthétisé est étudié pour ses propriétés structurelles, magnétiques et électriques. La température de calcination est l'un des paramètres d'étude des propriétés du matériau. Il est conclu que la calcination à une température appropriée est importante pour la formation de nanohexaferrites de baryum monophasées. En outre, l'augmentation de la température de calcination accroît la taille des cristallites, ce qui affecte également leurs propriétés magnétiques et électriques.

En outre, la composition chimique est un autre paramètre qui inclut l'effet de l'ajout de dopant. Étant donné que le nickel et le cobalt, en tant que métaux de transition, ont des configurations électroniques et des rayons ioniques similaires à ceux du fer, ils ont la capacité de remplacer les ions Fe dans la structure cristalline. Par conséquent, le nickel est utilisé comme dopant et ses concentrations varient de 1%, 5% et 10%. L'effet du dopage de la nanohexaferrite de baryum pure avec ces éléments de métaux de transition est étudié pour son comportement structurel, morphologique, magnétique et électrique. Les résultats obtenus révèlent que le dopage conduit à une augmentation de la taille du cristal car le nickel occupe un site interstitiel précédemment occupé par l'ion Fe. En termes de réponse magnétique, le dopage entraîne une réduction de la coercivité magnétique car la forme pure des nanohexaferrites de baryum présente une plus grande anisotropie magnétique qui est perturbée par l'ajout de dopants. L'augmentation de l'aimantation à saturation est obtenue avec le dopage au nickel. De même, l'effet sur les propriétés électriques révèle que le dopage au nickel rend les hexaferrites encore plus résistives que la forme pure. Le comportement diélectrique des hexaferrites qui montre de faibles pertes diélectriques avec l'augmentation de la fréquence rend ces matériaux appropriés pour les applications micro-ondes à haute fréquence [57]. Par conséquent, un matériau présentant de faibles pertes par courants de Foucault et de faibles pertes diélectriques à haute fréquence absorbe les ondes électromagnétiques et peut donc être utilisé pour la suppression des interférences électromagnétiques.

Portée future

Le présent travail a des perspectives d'avenir en remplaçant les métaux de transition par des métaux de terres rares comme dopants. L'effet du frittage du matériau synthétisé après la calcination afin d'obtenir une pastille pour les besoins de la caractérisation peut être étudié. Le frittage peut également être effectué à différentes températures afin d'étudier l'impact des différentes températures de frittage sur les propriétés structurelles des hexaferrites. En outre, la comparaison de leurs deux types de dopants peut être explorée dans le but de synthétiser un meilleur matériau. Ces réponses fréquentes sur le comportement diélectrique de ces matériaux peuvent également être étudiées. La résistivité du matériau peut également être calculée en variant les conditions de température. En outre, afin d'étudier l'absorption des micro-ondes, le matériau peut être analysé à l'aide d'un analyseur de réseau.

Références

[1] . Valenzuela, Raul, "Novel applications of ferrites", Physics Research International 2012.

[2] . J. Smit, H. P. J. Wijn, "Ferrites : Physical properties of ferrimagnetic oxides in relation to their technical applications", John Wiley and Sons, New York, 1959.

[3] . Livingston, J. D. "The history of permanent-magnet materials". JOM 42, no. 2, pp : 30-34, 1990.

[4] . "Early Investigations on Ferrite Magnetic Materials by J. L. Snoek and Colleagues of the Philips Research Laboratories Eindhoven", Proceedings of the IEEE, Vol. 96, No. 5, May 2008.

[5] . Jaswal, Leena, et Brijesh Singh. "Matériaux ferrites : A chronological review". Journal of Integrated Science and Technology 2, no 2, pp : 69-71, 2014.

[6] . Cornell, Rochelle M., et Udo Schwertmann. "The iron oxides : structure, properties, reactions, occurrences and uses", John Wiley & Sons, 2003.

[7] . Sozeri, H., H. Deligoz, H. Kavas, et A. Baykal. "Propriétés magnétiques, diélectriques et micro-ondes des hexaferrites de baryum substituées par M-Ti (M= Mn 2+, Co 2+, Cu 2+, Ni 2+, Zn 2+)". Ceramics International 40, n° 6, pp : 8645-8657, 2014

[8] . Nga, T. T. V., N. P. Duong, et T. D. Hien, "Synthesis of ultrafine SrLaxFe12- xO19 particles with high coercivity and magnetization by sol-gel method". Journal of Alloys and Compounds 475, no. 1, pp : 55-59, 2009.

[9] . Pullar, Robert C. "Ferrites hexagonales : une revue de la synthèse, des propriétés et des applications des céramiques hexaferrites." *Progress in Materials Science* 57, no. 7 (2012) : 1191-1334.

[10] Didosyan, Yuri S., Hans Hauser, Georg A. Reider, et Johann Nicolics. "Capteurs et actionneurs sur orthoferrites". Dans Sensors, 2004. Proceedings of IEEE, pp. 1032-1035. IEEE, 2004.

[11] . Thèse : PREPARATION ET CARACTERISATION DE L'HEXAFERRITE DE BARIUM PAR LE MONOFERRITE DE BARIUM ; Pooja Chauhan, Université Thapar

[12] .   https://cuvillier.de/uploads/preview/public_file/2779/9783867277730.pdf

accessible le 15 mars à 10h30.

[13] . Geiler, Anton, Andrew Daigle, Jianwei Wang, Yajie Chen, Carmine Vittoria et Vince Harris, "Consequences of magnetic anisotropy in realizing practical microwave hexaferrite devices". Journal of magnetism and magnetic materials 324, no. 21, pp : 3393-3397, 2012.

[14] . Fang, H. C., C. K. Ong, X. Y. Zhang, Y. Li, X. Z. Wang, et Z. Yang, "Low temperature characterization of nano-sized BaFe12- 2xZnxSnxO19 particles". Journal of magnetism and magnetic materials 191, no. 3, pp : 277-281, 1999.

[15] . Went, J. J., et E. W. Gorter. "Les propriétés magnétiques et électriques des matériaux ferroxcube". Philips Tech. Rev 13, no. 181, pp : 16, 1952.

[16] . Stuerga, Didier. "Interactions micro-ondes-matériaux et propriétés diélectriques, ingrédients clés pour la maîtrise des procédés chimiques micro-ondes". Micro-ondes en synthèse organique (Loupy A, ed). 2ème édition, pp : 1-61, 2006.

[17] . Mahajan, R. P., K. K. Patankar, M. B. Kothale, S. C. Chaudhari, V. L. Mathe, et S. A. Patil. "Effet magnétoélectrique dans les composites ferrite de cobalt-titanate de baryum et leurs propriétés électriques". Pramana 58, no. 5-6 (2002) : 1115-1124.

[18] . Mark L. Watson, Robert A. Beard, Steven M. Kientz et Timothy W. Feebeck

"Investigation of Thermal Demagnetization Effects in Data Recorded on Advanced Barium Ferrite Recording Media". IEEE TRANSACTIONS ON MAGNETICS 44, pp : 3568-3571, 2008.

[19] . Shang, Rongxiang, Yi Zhang, Longgang Yan, Haiyan Xia, Qingfang Liu et Jianbo Wang. "Propriétés magnétiques statiques et d'absorption des micro-ondes des composites FeCo/Al2O3 synthétisés par la méthode de broyage à billes à haute énergie". Journal of Physics D : Applied Physics 47, no. 6 (2014) : 065001.

Harvard

[20] . Ding, J., H. Yang, W. F. Miao, P. G. McCormick, et R. Street. "High coercivity Ba hexaferrite prepared by mechanical alloying". Journal of alloys and compounds 221, no. 1, pp : 70-73, 1995.

[21] . S.R. Janasi, D. Rodrigues, M. Emura, F.J.G. Landgraf, "Barium ferrite powders obtained by co-precipitation". PHYSICA STATUS SOLIDI (A), APPLIED RESEARCH, vol : 185.2, pp : 479-485, 2001.

[22] . Teh, Geok B., et David A. Jefferson. " High-resolution transmission electron microscopy studies of sol-gel-derived cobalt-substituted barium ferrite ". Journal of Solid State Chemistry 167, no. 1, pp : 254-257, 2002.

[23] . Singhal, Sonal, A. N. Garg, et Kailash Chandra. "Evolution des propriétés magnétiques pendant le traitement thermique de BaMFe 11 O 19 de taille nanométrique (M= Fe, Co, Ni et Al) obtenu par voie aérosol". Journal of Magnetism and Magnetic Materials 285, no. 1, pp : 193-198, 2005.

[24] . Kajal K. Mallick, Philip Shepherd, Roger J. Green, "Dielectric properties of M-type barium hexaferrite prepared by co-precipitation", Journal of European Ceramic Society, 27, pp : 2045-2052, 2007

[25] . Moghaddam, K. Sheikhi, et A. Ataie. "Rôle du broyage intermédiaire dans le traitement de particules de taille nanométrique d'hexaferrite de baryum par la méthode de coprécipitation". Journal of alloys and compounds 426, no. 1, pp : 415-419, 2006.

[26] . Mallick, Kajal K., Philip Shepherd, et Roger J. Green. "Propriétés magnétiques de l'hexaferrite de baryum de type M substituée par du cobalt et préparée par coprécipitation". Journal of Magnetism and Magnetic Materials 312, no. 2, pp : 418429, 2007.

[27] . Pasquale, Massimo, Sergio Perero, et Darja Lisjak. "Ferromagnetic Resonance and Microwave Behavior of ASn-Substituted (A= Ni-Co-Zn) BaM- Hexaferrites". Magnetics, IEEE Transactions on 43, no. 6, pp : 2636-2638, 2007.

[28] . M. Radwan, M.M. Rashad, M.M. Hessien, "Synthesis and characterization of barium hexaferrite nanoparticles", Journal of Materials Processing Technology 181, pp : 106-109, 2007.

[29] . Bsoul, I., et S. H. Mahmood. "Propriétés magnétiques et structurelles des nanoparticules de BaFe12- xGaxO19". Journal of Alloys and Compounds 489, no. 1, pp : 110-114, 2010.

[30] . Ashok Kumar, Annveer, Manju Arora, M.S. Yadav, R.P. Pant, "Induced size effect on Ni doped nickel zinc ferrite nanoparticles", Physics Procedia 9, pp : 2023, 2010.

[31] . Q. Mohsen, "Barium hexaferrite synthesis by oxalate precursor route", Journal of Alloys and Compounds 500, pp : 125-128, 2010.

[32] . Iqbal, Muhammad Javed, et Saima Farooq. "Un mélange binaire d'ions Nd- Ni pourrait-il contrôler le comportement électrique des nanoparticules d'hexaferrite de type M de strontium-barium ?". Materials Research Bulletin, vol : 46, no. 5, pp : 662-667, 2011.

[33] . S. Kanagesan, S. Jesurani, R. Velmurugan, S. Prabu, T. Kalaivani, "Structural and magnetic properties of conventional and microwave treated Ni-Zr doped barium strontium hexaferrite", Materials Research Bulletin 47, pp : 188-192, 2012.

[34] . Sukhdeep Singh, N K Ralhan, R. K Kotnala, Kuldeep Chand Verma, "Nanosize dependent electrical and magnetic properties of NiFe2O4", Indian Journal of Pure and Applied Physics, Vol 50, pp : 739-743, 2012

[35] . Ma. Ganjali, Mo. Ganjali, A. Eskandari, M. Aminzare, "Effect of heat treatment on structural and magnetic properties of nanocrystalline SrFe12O19 hexaferrite synthesized by co- precipitation method", Journal of Advanced Materials and processing, Vol 1. No. 4, pp : 41-48, 2013.

[36] . Li, Liangchao, Keyu Chen, Hui Liu, Guoxiu Tong, Haisheng Qian et Bin Hao. "Propriétés attractives d'absorption des micro-ondes de la ferrite M-BaFe12O19". Journal of Alloys and Compounds 557, pp : 11-17, 2013.

[37] . Mosleh, Z., P. Kameli, M. Ranjbar, et H. Salamati. "Effet de la température de recuit sur les propriétés structurelles et magnétiques des nanoparticules d'hexaferrite BaFe12O19". Ceramics International 40, no. 5, pp : 7279-7284, 2014.

[38] . Jeon, Kwang Won, Ki Woong Moon, Min Kang, Min Kyu Kang, Yong Ho Choa, Guk Hwan An, Sang Geun Cho, Jin Bae Kim et Jongryoul Kim. "Synthèse et propriétés magnétiques des ferrites de strontium alignés". Magnetics, IEEE Transactions on 50, no. 6, pp : 1-4, 2014.

[39] . Kanagesan, S., M. Hashim, T. Kalaivani, I. Ismail, N. A. Rahman, et A. Hajalilou. "Frittage par micro-ondes de l'hexaferrite de baryum strontium dopée au Ni-Co synthétisée par la méthode sol-gel". Journal of Chemical and Pharmaceutical Research 6, no. 4, pp : 1210-1215, 2014.

[40] . Khanesh Kumar, Mansi Chitkara, Inderjit Singh Sandhu, D. Mehta, Sanjeev Kumar, " Photocatalytic, optical and magnetic properties of Fe-doped ZnO nanoparticles prepared by chemical route ", Journal of Alloys and Compounds 588, pp : 681-689, 2014.

[41] . Gholam Reza Gordani, Ali Ghasemi, Ali Saidi, " Enhanced magnetic properties of substituted Sr-hexaferrite nanoparticles synthesized by coprecipitation method ", Ceramics International 40, pp : 4945-4952, 2014.

[42] . W.S. Castro, R.R. Correa, P.I. Paulim Filho, J.M. Rivas, A.A. Cabral, "Dielectric and magnetic characterization of barium hexaferrite ceramics", Ceramics International 41, pp : 241-246, 2015

[43] . Din, Muhammad F., Ishtiaq Ahmad, Mukhtar Ahmad, M. T. Farid, M. Asif Iqbal, G. Murtaza, Majid Niaz Akhtar, Imran Shakir, Muhammad Farooq Warsi, et Muhammad Azhar Khan. "Influence de la substitution du Cd sur les propriétés structurelles, électriques et magnétiques des nanomatériaux coprécipités d'hexaferrites de baryum de type M". Journal of Alloys and Compounds 584, pp : 646-651, 2014.

[44] . Vinnik, D. A., D. A. Zherebtsov, L. S. Mashkovtseva, S. Nemrava, A. S. Semisalova, D. M. Galimov, S. A. Gudkova, I. V. Chumanov, L. I. Isaenko, et R. Niewa, "Growth, structural and magnetic characterization of Co-and Ni- substituted barium hexaferrite single crystals", Journal of Alloys and Compounds , vol : 628, pp : 480-484, 2015.

[45] . Jie Li, Huaiwu Zhang, Yinong Liu, Qiang Li, Guokun Ma et Hong Yang, "Structural and magnetic properties of M-Ti (M= Ni or Zn) co-substituted M- type barium ferrite by a novel sintering process", Journal of Materials Science : Materials in Electronics, vol : 26, n° 2, pp : 1060-1065, 2015.

[46] . Marin Cernea, Raluca Florentina, Ioana Ciuchi, Carlo, Roxana, Carmen, "Caractérisation diélectrique des céramiques BaxSr(1-x)Fe12O19 (x=0,05-0,35)", Ceramics International 42, pp : 1050-1056, 2016

[47] . Anis-ur-Rehman, M., Zeenat Khan, et Seemab Kanwal. " Co-precipitated magnetoplumbite nanoparticles and their structural and dielectric properties ", International

Symposium on Integrated Functionalities and Piezoelectric Force Microscopy Workshop, pp : 211-214. IEEE, 2015.

[48] . Ding, J., X. Y. Liu, J. Wang, et Y. Shi, "Ultrafine ferrite particles prepared by co-precipitation / mechanical milling". Materials Letters, vol : 44, no. 1, pp : 19-22, 2000.

[49] . Dobrzanski, L. A., M. Drak, et B. Ziebowicz, "Materials with specific magnetic properties", Journal of Achievements in Materials and Manufacturing Engineering, vol : 17, no. 1-2, pp : 37-40, 2006.

[50] . E.D Soloveva et.al, 2012

[51] . Bercoff, P. G., et H. R. Bertorello. "High-energy ball milling of Ba- hexaferrite/Fe magnetic composite". Journal of Magnetism and Magnetic Materials 187, no. 2, pp : 169-176, 1998.

[52] . Xu, Ping, Xijiang Han, et Maoju Wang. "Synthèse et propriétés magnétiques des nanoparticules d'hexaferrite BaFe12O19 par une technique de microémulsion inverse". The Journal of Physical Chemistry 111, no. 16, pp : 5866-5870, 2007.

[53] . V. Pillai, P. Kumar, M.S. Multani, D.O. Shah, "Structure and magnetic properties of nanoparticles of barium ferrite synthesized using microemulsion processing". Colloïdes Surfaces. A : Physicochemand Engineering Aspects, Vol. 80, pp : 69-75, 1993.

[54] . S. Giri, S. Samanta, S. Maji, S. Ganguli, A. Bhaumik, "Magnetic properties of a-Fe2O3 nanoparticle synthesized by a new hydrothermal method". Journal of Magnetism and Magnetic Materials, vol : 285.1, pp : 296-302, 2005

[55] . (http://www.globalsino.com/EM/page2685.html)

[56] . L. Wang, Z. Fan, A. G. Roy, D. E. Laughlin, J. Appl. Phys. 95, (2004).11

[57] . Willis, B. T. M., et H. P. Rooksby. "Structure cristalline et antiferromagnétisme dans l'hématite". Proceedings of the Physical Society. Section B 65, no. 12, pp : 950, 1952.

[58] . Tapan K. Sarkar, Robert J. Mailloux. "History of wireless". John wiley & sons publication 2006.

More
Books!

info@omniscriptum.com
www.omniscriptum.com
OMNIScriptum

Printed by Books on Demand GmbH, Norderstedt / Germany